在这交会时　互放的光亮

交 会 一 段 时 光 ， 探 索 一 种 兴 致

出　品　新经典文化股份有限公司

责任编辑　汪 欣
特约编辑　陈湘浙　孙 琪
特约撰稿　樊月姣　老 于 等
设计总监　韩 笑
摄 影 师　毛振宇　倪 良　樊从祥　宋潇毅　胡海峰 等
特约漫画　白 关

了不起的咖啡

木小偶 主编

新 星 出 版 社 NEW STAR PRESS

了不起的咖啡

木小偶 _ 文 / 图

咖啡本来是一种普通的日常饮品，大多数人从一包雀巢三合一开始，开启了一场新的味蕾旅行。星巴克、COSTA 的到来，把咖啡厅变成了“社交体验场”，让人们觉得喝咖啡不再仅仅是一种感官体验。精品咖啡在中国成为一种流行不过五年光景不到，喝哪种咖啡、喝哪家店的咖啡，却已成为中产或某种品质生活的锁定符号。

中国的 80 后、90 后们，大多从一杯速溶咖啡或者一段故事、一种情绪开始，建立起了一种与咖啡相伴的生活。然后他们去各种网红咖啡店打卡、开始迷恋某个特定的产区和产地、某种特殊的处理方式。发烧友或爱好者则热衷于在家 DIY 手冲和烘焙，探索深烘焙的焦香味、浅烘焙的果酸味，杯测各种不同烘焙曲线的豆子的风味：有没有前中后调，有没有水果花香、可可、莓类的香气，有没有一定酸度的平衡……喝咖啡成了一种生活品味，如何喝咖啡成了一件技术活。人们一看见咖啡，心情就变得复杂起来。

或许你喝过很多咖啡，但若问如何鉴定一杯好咖啡，嗯，这是一个尤其难以得到统一回答的问题。

更多的时候，咖啡是一种生活方式，是一个媒介。一杯咖啡的醇厚甘酸之后，隐藏了许多看不见的咖啡人的状态、生活观念 、生活形态……因此，即便你是老咖啡客，也无法得到一个标准化答案。

在去日本的旅行中，人们到几十年、上百年的咖啡老店排好几个小时的长队逐一

打卡，只为一口盛装在精巧容器里的琥珀色液体；而在日本手工大市集上，咖啡杯是一种类似在医院打点滴式的方便装，用吸管吸着喝，但等待品尝的人依然排成长龙。无论精致或简易，咖啡都凝聚着一种时间的力量以及职人的专注，吸引着喜爱它们的人。

在越南，和热浪搏击之后慵懒地坐下来喝一杯冰滴咖啡，却散发出爆米花一样的滋味，人们寻找的更多是 freestyle；这种随意感的反面是法国巴黎左岸，咖啡馆已被游客替换为寻根者的文艺圣地。在那里，咖啡更像一种图腾般的信仰。

虽然咖啡在不同文化里幻化流变，但都离不开一个本质：你为什么喝咖啡？你真的在喝咖啡吗？从一颗漂洋过海的咖啡豆肇始，经过漫长咖啡制作的工艺线，到化为浓郁醇香的一杯咖啡，了不起的咖啡都经历了什么？

选取和咖啡有关的十种人生，在这里，咖啡是一种生命语言，他们用自己的生命语言和咖啡交流着，呈现的是咖啡人生的活态：这里有见证中国咖啡初期毛糙到扩张兴盛的咖啡烘焙之父李晓宇；全球寻豆漫游的许国明；同是常年穿梭在世界咖啡种植园的咖啡猎人，许国明和顾沁如却用各自的方式和咖啡对话；得过 6 次中国咖啡比赛冠军，沉醉于用咖啡做各种实验和想象的咖啡创意师唐；用杯测的方式和咖啡做亲密接触的新一代咖啡人李颀峰；"无法用舌头发出清晰的声音，也感觉不到这个世界声音的热情"，却用咖啡和手语表达自己的聋哑咖啡师张龙；用咖啡渣艺术设计的 90 后新锐设计师；在咖啡的香气里不断探索寻找新的自己的老于；在去咖啡馆的路上用一杯咖啡和古往今来的作家们作着交流的作家张家瑜……

了不起的咖啡，恐怕是庸碌人生里最闪亮一瞬，每个人在探索自己的咖啡文化与特色和各自独一无二的体验，在个体里抵达彼岸。

咖啡其实可以很包容，你可以用任何方式来接触和接近咖啡，廉价或昂贵的，没什么歧视在里边。喝速溶咖啡的人和喝手冲咖啡的人每天都在想什么？有什么本质的区别？喝咖啡是探索人类味蕾的不同层次变化，还是探索一种生命存在的方式？或者都是……

有时候咖啡是日常生活不可或缺的，如家人、空气般的对象。如同小津安二郎的电影里那些美好的旧日时光，浓郁的咖啡香气，一些人和一些往事，都陪伴着那一刻的咖啡时光，永不消失。我们可能都已忘记了第一杯咖啡的滋味以及在哪里喝的，但我们不会忘记最好喝的咖啡，在何时何地，与什么人一起品尝的。

并不是每个人都期盼咖啡能冲泡出理想的味道，喜欢手冲咖啡的人大多喜欢慢的节奏，喜欢手作的感觉，从咖啡豆子打开的一刹那，慢慢地研磨自己理想颗粒的咖啡粉，一段香气的释放，到用适合自己的方法冲泡出想要的一杯咖啡。这个时候，咖啡其实是关于一种理想、一种调性的东西，有一定指向性，每一杯咖啡其实是

一种平行的世界，每个人在咖啡里见到自己。所以某种意义上，所谓了不起的咖啡，就是每一个安静泡好一杯咖啡的人，在对待咖啡时的每一瞬间，每一个细节都抱有谨慎、认真、建设的态度，每个瞬间都毫无保留地投入，当你对得起那杯咖啡的每一个环节，在每一个细节，你都只是你自己，你已经拥有一杯了不起的咖啡了。

多年前，在丽江遇到一个知名咖啡师，就好奇问他：你觉得泡出一杯怎样的咖啡，才算达到心中理想的味道？他想了好一阵，告诉我，世界上一切与感官相关的艺术都无法寻求一个标准或者答案，譬如：怎样才算一杯理想的咖啡？怎么样的咖啡是了不起的咖啡。

作为喝咖啡的人，唯一快乐的根基在于：味觉再现。这就好比大脑记忆与感官是一张没有曝光的底片，这之后人生中的每一杯咖啡，只是生命底片的某种“重影”，把底片叠加在一起，总会找到一些味觉、气味以及环境因素的似曾相识。喝到这样的一杯咖啡，觉得感官上既惊艳又熟悉，熟悉中的陌生，陌生里的再现，有乐趣又无须告诉别人。这种味觉快乐恐怕远比咖啡本身更令你快乐！作为人类，我们天生就带着一张感官记忆的地图游吟四方，即便同一种豆子研磨的咖啡，都会因为天气心情和身体条件，而有不同的感知，路径比结果要紧。

这个味觉再现的咖啡哲学让我印象深刻，咖啡，绝不是要寻找一种现成的答案。直到有一天，你遇见的咖啡，能和某年某月某刻的一杯咖啡重逢，那个闭合的循环，恐怕是咖啡活动更为快乐的源泉所在，因为那一刻，你重叠了一个自己。

云在青天水在瓶。咖啡在杯里。

COFFEE

目录
Contents

{ *Chapter 1* }

是咖啡达人，也是梦想家

{ *Chapter 2* }

咖啡点燃艺术灵感：漫画 X 设计

{ *Chapter 3* }

他们在咖啡里感知文字

CHAPTER I

是咖啡达人
也是梦想家

许国明

X 咖啡寻豆师

60 后 出生于台湾桃园 现居青岛
台北咖啡精品协会会员 SCAA(Specialty Coffee Association of America 美国精品咖啡协会)
咖啡品鉴师、认证讲师、认证烘焙师

喜欢在一天里的什么时间喝咖啡？为什么？

也没有特定的时间，因为喝咖啡已经成为生活的一部分，成为习惯，跟吃饭一样，一般早餐、中餐、下午茶都会喝，有时客人和朋友来了会从早上到晚上一天十几二十杯地喝。

用一句话形容冲泡咖啡时的感受？

习惯，自然，刚开始时会很有成就感，但是一冲就是二十几年真的就成为习惯自然的事，感觉很放松。

咖啡“喝嗨了”的感觉是什么？

我觉得是一种“停不下来的感觉”，哈哈，就像我们每次去咖啡庄园杯测庄园主珍藏的好咖啡，即使每天杯测上百杯的咖啡，还是期待庄园主再继续拿出能让我们惊艳的好咖啡来。

带一种咖啡豆环游世界，选哪种？

我会带上巴拿马瑰夏，相信喝上带有一杯浓郁花香、优雅明亮的、酸甜均衡的咖啡会让你的旅行增加更多的回味。

说起咖啡你脑海中最先想到哪个人？

呵呵，我想会是我自己，因为咖啡真的是跟我这辈子有着很奇妙的缘分！我太多的命运改变都是从“咖啡”开始的，咖啡的“酸、甜、苦、辛”我真是很有体会，开个玩笑我甚至觉得我就是为咖啡而来到这个世界上的，哈哈哈！

如果有“咖啡时光机”带你回到某一次喝咖啡的瞬间，你希望是什么时候？在哪里？

我想会是 1991 年，瑞士的苏黎世，因为我的咖啡生涯就是从那时开始的。

咖啡猎人的冒险

Chapter 01

樊月姣 _ 文

倪良 _ 摄

2011 年，许国明首次踏上巴拿马的土地，活像爱丽丝掉进了兔子洞。“懵啊，才知道被骗了。”

那时即将入夏，他眼前的咖啡树，果实早掉光了，这些茜草科常绿乔木被剪得不超过两尺高，它们叶片浓绿，被阳光照射的部分，像涂着一层白蜡。许国明拨开枝叶仔细查看，没有果实藏匿其中。

从台湾往返一次中美洲，至少要花费 3 万元。这一趟，公费补贴 1 万，许国明还认为这是天上掉下的馅饼。临行前一晚，他甚至兴奋得无法入眠：“巴拿马有世界上最好的咖啡豆。”

然而，行程已过去大半，考察却仍没进入主题：“每天跟各种官员吃饭，说‘我们来了哦’，我们就是一群抬轿子的人。”许国明想跟农户交流，询问如何种植咖啡树，以及豆子的品种问题，他暗暗做好了被人笑话的准备：“可那些农户只会拿出不好的豆子问我‘你到底要买不要买’。”

他有些生气，被迫跟庄园里两尺高的咖啡树们合了数张影：“我们是来看树的吗？不如到云南，跟咖啡树合张影，再 ps 一下就说来过巴拿马好了。”

很快，他就知道自己被庄园主分级了。中美洲的咖啡采摘季，是每年的十一月至次年二月。咖啡庄园主，更乐意把时间及最好的咖啡豆留给一二月来访的客人。次年，许国明自己跟各个著名咖啡庄园的庄主联络，恭恭敬敬地发电子邮件询问：我们可以去买豆子吗？得到

的回复出奇统一：来吧，四五月份可以，之前我们太忙了。

“之前他们在忙什么？在忙着把自己最拿得出手的作品，给他们真正看得起的买家。”

这一年，他继续被庄园主轻慢：去庄园走马观花，随便杯测几种豆子，接着，被带去庄园主自己开的餐厅——并不是要请客，吃完许国明买单。

“不是针对我个人，他们得非常认可你，非常看得起你，才会真的叫你去他家吃饭。”

不想被草率分级，许国明很苦恼。“那就只有找别的方法。”他放弃了一些在国内享有盛名的庄园，试着跟名气略逊一些的庄园主联系。他具有真正强大的购买力，这一步很快走通了。“其他庄园只是还没有进入中国的视野，其实，巴拿马每个庄园主，都有自己非常好、非常独特的豆子。”

许国明和他所在的“黑金”国际寻豆机构，是每年赶赴中美洲的国际寻豆组织中，人数最多的。他们具有强大的购买力及辨识能力，很快就得到当地庄园主的一致认可。

今年，詹森咖啡庄园（以下简称“詹森”）的老头儿问他：要不要派飞机来接你啊？许国明听了，觉得这是个玩笑。从亚洲到巴拿马是段长途旅行，得先飞到洛杉矶，再转机才能抵达。私人飞机多大，他是有常识的，“大概就成龙、赵本山那种，哪能飞那么远。”

自行抵达詹森后，许国明傻眼了。那庄主老头儿竟有条三千多米的飞机跑道，停在上面的飞机，是架空客320。

“他就是这么有钱。”比起这个，被巴拿马人关照本身更令他尖叫：“还盛邀我们去他家吃饭。”前两年，他不得不去庄园主自己经营的餐厅、却还要他来买单的“宴客”景象历历在目：“说明他们认可你了。”

巴拿马出产着全球最好的咖啡豆。许是当地的咖啡豆太好了，才让庄园主如此娇惯。在他们中间，普遍存在着用接待时间区分的鄙视链：一二月来的是贵客，三四月来的算作观察，五六月来的，就是做做样子了。

从被流放在荒凉的五六月，到被庄园主邀请进家中吃饭，许国明用了三年时间。

巴拿马和哥斯达黎加是邻国，它们都有丰富的微气候，这给不同种类的咖啡生长提供了得天独厚的条件。

位于北纬9度的巴拿马，似乎比哥斯达黎加更得老天爷眷顾。这两地的众多火山中，早年爆发形成的石块，似乎都流去了哥斯达黎加，而肥沃湿润的泥土，都流向了巴拿马。这些泥土富含营养，为巴拿马特有的咖啡播种和培育提供了优异的先天条件。这一切，让巴拿马的咖啡风味极其多样，天然具有茉莉、柑橘、浆果、焦糖、特殊甜味、香草、巧克力等风味。

中美洲很多国家都出产咖啡豆。从2011年起，许国明每年初，都要去中美洲寻找新的豆子，至今，他已经走了四五百个农场。哥斯达黎加和巴拿马，是他每年必须拜访的地方。

哥斯达黎加的咖啡种植单位较小，农户居多，小型庄园主有几万个，巴拿马则偏向大中型庄园。因为得天独厚的气候环境，巴拿马出产的豆子质量，略胜哥斯达黎加，每个庄园都更倾向于沿用传统豆子处理法，保持豆子的本味。在哥斯达黎加，由于经营咖啡豆的单位过多，为了竞争，人人都愿意在处理法上下功夫。

“大家只听过几种处理法，日晒、水洗和蜜处理，对吧？去了哥斯达黎加之后你才发现，光咖啡豆的处理法就有几十种。”每种新的处理法，都让许国明兴奋：“今年看到有红酒处理法，就是用做红酒的方式，去处理豆子。”

几年前风靡全球的nighty plus咖啡豆品牌，以出产带有浓郁芒果味道的咖啡豆著称。他们在巴拿马有工厂，但是谢绝参观。“你一闻，就有非常浓的芒果味，你不知道是怎么弄的，这是他们的秘密。”许国明非常好奇，却也只能在nighty plus的工厂外逡巡，他用力嗅着，使劲判断那种味道源自何方，却仍没找到答案：“不过，那个味道一闻就知道，我至少可以确定他们没用什么化学香料，是一种天然的处理法。”能得到这个结果，他已经心满意足，在咖啡豆的处理法上每迈出一小步，许国明都感到强烈的愉悦，他已经准备好，要路漫漫而上下求索。

一座山上，咖啡庄园互不为邻，分布松散。吉普车是很好的交通工具，条件好的庄园会提供更加优质的车队，甚至枪支。在危地马拉和洪都拉斯，政府会派军队全程保护像许国明这样的咖啡交易者。因为，在咖啡交易发生的各个山区，同时发生着毒品交易，还掩藏着大量反抗军。荷枪实弹的部队，将许国明保护在侧。“真的吓我一跳，真的枪，有人为了5美金8美金，去抢咖啡豆，能抢一点是一点。”

除此之外，中美洲丰富的植被令人着迷。他们从山脚下到山中腹地，从山中腹地到山顶。某些咖啡庄园也兼具度假村功能。要开飞机来接许国明的詹森庄园就是其一，那里有巴拿马环境最好的杯测室，每一次杯测，都在小提琴手的演奏中进行，人们面对的巨幅窗户，正对着巴拿马引以为傲的巴鲁火山。詹森咖啡庄园，也是个旅游公司，有专为游客准备的接驳观光车。

更令许国明惊艳的是摩根庄园，它由一对白人夫妇经营，看起来像个风景优美的疗养院。据说，庄园本身属于一位好莱坞大明星。他好奇地问起幕后推手是谁时，白人夫妇却笑而不语。

“摩根弗里曼，我猜到了。”

通常，进入咖啡庄园的人，不能佩戴有任何气味的物品，驱蚊液也不许涂抹。于是今年，当某种咖啡豆被一台古老的磨豆机制粉时，所有人都回头了。

那是种香水味，它徐徐弥散在人们四周。

“谁洒香水了？”即便知道明文禁止，还是有人忍不住叹问。这味道并非来自某种香氛，即便它闻起来活像“香奈儿5号”。包括许国明在内，所有人都对这种激发出咖啡豆香水味的处理法充满好奇。“结果喝起来就不是那个味儿了。”

这些感受，只有通过杯测才能获得。杯测是许国明作为咖啡猎人，在寻豆旅途中进行的主要工作，他带着敏锐的嗅觉以及好奇心，捏着张惨白的、用来记录的表格。

先闻。“是苦瓜味儿你就在表格上写苦瓜味。”

再用热水直接冲泡，再闻。“这时如果有荔枝味儿哈密瓜味儿韭菜味儿，你就要写下来。”

然后用杯测勺舀一口，用特殊方式吸进口腔，达到雾化效果。“这时候是什么味道，你再记录下来。”

玫瑰、柑橘、柠檬皮、梅子、草莓，这些味道，通常是最基本的。茉莉花味儿是今年许国明找到的特别香气，但最贵的还不是这种：“最贵的是一种百香果味道的。”

一天下来，他闻过、尝过的咖啡，常常多达几十种。对于那些发酵过度或有杂质的豆子，

他的反应是惊人的："天啊，这什么东西怎么这么呛！"品质差的咖啡豆，呈现着木头渣子味儿，有时还有医院的碘酒味儿。"但有的人他不知道，就还觉得，这个味道很特别，很喜欢。"

鼻子会疲倦，疲倦时，嗅觉会暂时失灵。许国明会将脸埋进臂弯，闻自己的体味。"这个是最稳定不变的味道，可以让嗅觉得到恢复。"

这两年，许国明一行只要去中美洲寻豆，邀请他们去参观的农庄信函就纷至沓来。巴拿马国家电视台甚至全程跟拍，"我们是国际上最大的一支寻豆团体。"

二十世纪七十年代末，生于台湾桃园的许国明十几岁，常常在学校附近的咖啡馆混。

"爱读书的人每天都在读书嘛，不会有出来花这种钱的想法。"当时的台湾，单品咖啡已经流行。许国明常去的咖啡馆里，有款由曼特宁和巴西混合的咖啡，叫曼巴。如今，台湾四五十岁以上的中年人，仍然会喝这种咖啡，"它已经成为一种历史。"

许国明并不觉得曼巴好喝，他不觉得任何咖啡好喝。只是因为要赶时髦，同时，他想去咖啡馆泡妞。那时，他每天的零花钱是100块新台币，三分之二都花在曼巴上。

后来，他去服兵役。部队里全天候供应美式咖啡。"像洗碗水。"他根本不爱咖啡。

21岁退伍，许国明做起了出版印刷生意。他记得非常清楚，那本《咖啡地图》是经由他手出版的，"我不是在咖啡馆，就是在去咖啡馆的路上。"这本书被称为"咖啡圣经"，作者张耀被冠以咖啡教父之名，很多人对咖啡的喜爱，皆由此开始。这本书改变了他的人生轨迹，让他首次知道，走出台湾，咖啡馆可以是别的样子，那些欧式的、有繁复装饰的、有美丽原木柱子、用来喝咖啡的空间，深深吸引着他。

次年，他去瑞士给公司进口机器。不会说德语，"可乐"的发音最简单，但每一餐都喝可乐，他实在厌倦了。许国明听着隔壁桌客人的发音，照猫画虎点餐后饮料：Kaffee（咖啡）。

"跟台湾的不一样味道，我挺喜欢的。"接下来，他就一直点咖啡喝。

1992年，台湾开通首条直飞阿姆斯特丹的航线。航空公司为了促销，有很低的折扣优惠，还提供免费住宿。他立刻忽悠自己的朋友与自己同去："我就是想去看看咖啡馆，管他讲什么语。"那之后，他一有空就去欧洲。寻访咖啡馆的经历，让他越来越按捺不住。他开始利用下班时间，去家附近的日式手冲咖啡馆学艺。师傅是个五六十岁的日本男人，前三个月，他只让许国明拿着 7 斤多的手冲壶，对着水缸倒水。倒了一个月的时候，许国明烦透了，忍不住问师傅："我什么时候能学冲咖啡。"师傅听了，严肃地答："行了，你明天不要来了，回去吧。"这哪行，他只好默默地继续倒水。在他的耐心濒临崩溃时，师傅终于开始教他做手冲。

他后来也想学虹吸。那看起来像变魔术，让许国明跃跃欲试。起初，他按照师傅说的，认真做着每天的笔记：气温、湿度、水温……没几天他就写不下去了，于是开始翻前面的记录，每天稍作更改，编出数字写在本子上。

师傅早已发现他造假，却没有点破。许国明问师傅："学虹吸到底要多久？"师傅答："八年。"他几乎没有经历任何思想斗争，果断地掐灭心中想要学习虹吸的火苗："只是想简简单单喝咖啡，不希望这件事在我这里，最后变得这么复杂。"

咖啡被他当做业余爱好，发展得挺顺畅。在这期间，他因为生意赚了几百万，而传统日式手冲咖啡技艺也被他学到了手。他开始厌倦发达的都市："我最好的哥们儿是青岛人，我去过青岛，非常喜欢。"30 岁那一年，许国明逃离了自己所在的大城市，"有自己喜欢的事，钱又准备好了。"他认为自己已经具备一切条件，该去过幸福的人生了：结束生意，在海滨青岛开咖啡馆。"最幸福的人生也不过如此吧。"

许国明的冒险精神又一次得到印证：他在青岛认识的所有人，都警告他，这件事不靠谱：你至少得去市场外面卖，去人多的地方。

然而，他不顾朋友们阻拦，自行选定了东海路上一处 700 平米的店铺，准备做只卖手冲咖啡的纯日式咖啡馆。他心想，你们懂什么，这么有文化有内涵的东西，当然要开在漂亮的地方。

2000年，在青岛的东部医院对面，许国明背倚大海的石烧日式手冲咖啡馆开张了。但当他用手冲壶，往新鲜的咖啡粉里倒水的时候，客人们纷纷凑上来问：“为什么要这样冲速溶咖啡？你用的是麦斯威尔还是雀巢？”

2000年，内地最受欢迎的饮料是“旭日升”冰茶。它的代言人是楚奇、楚童俩兄弟，他们唱着“越飞越高，扑棱着翅膀”，成为所有少女的梦中情人。而手冲单品咖啡是什么？没人知道。

石烧咖啡馆开业半年后，青岛有了第一家上岛咖啡，每天座无虚席。他当然眼气，上岛卖的正是他当年选择放弃的虹吸咖啡。

他的咖啡馆没有一天是盈利的：“如果说一天的目标营业额是1000，那达到700块，就已经是最好的时候。”他痛苦地坚持了三年半，最终选择关门，输得很惨：“我几乎破产了。”

他关门那一天，熟客并不知晓，这件事事发突然，相熟的客人来喝咖啡，被守在门口

搬东西的许国明阻止。“有个客人哭了。”许国明也特别想哭，但他一直忍着。

许国明困惑，明明是好东西，大家为什么不喜欢？

这个问题，他怎么也想不通，为此得了抑郁症。然而他却不能回台湾，他怕别人知道他失败了。他想过死，但又怕这样的新闻见诸报端：“‘台湾商人 XXX 破产自杀’，我不愿意被别人这样讲。”

他躲到了青岛的一个村子，在他租住的平房里，用爆米花机烘少量咖啡豆。“从一两个客人开始。”

在青岛的台商会，会定期举行聚餐。那是许国明最害怕的事情："今天你吃了他的请客，明天是不是要请回去？”他没钱。

但又不能总不去。大部分时间，他用“太忙了”搪塞。极少时间，他徒步走很远的路，再坐公交车，抵达聚餐地点，穿着让自己看起来体面的衣服。“我的幸和不幸，都源于我的太要面子。”许国明说着，语气是平静的。

那是许国明跌得最大的一个跟头，后来，他将之总结为“少年得志的大不幸”。

他今天的会所，距十几年前的那家石烧咖啡馆，只有几分钟车程，但不再背对着海，从会所的一楼窗户望出去，就看得见胶州湾。

他手里有几百位客户，每个客人的喜好他都熟悉，这些信息被他记录在一个本子里，他为客人定制适合他们自己的精品咖啡豆，所有顾客都靠口耳相传。许国明曾是个喜欢社交的人，现在则不。“是那次打击给我带来的后遗症，我很欢迎大家来我这里找我，但我不再出去应酬。”

那段失败的过去，他并不愿意重提。的确，他偶尔非常沉默，偶尔又非常想讲些什么。饭桌上，他总是那个聆听的人，当自己的发言被打断时，他不争，而是自然地不再讲下去。但他眼角眉梢还显露着想要讲完的志气，只是他不再让自己这么做。

让他一直坚持的，仍然是对好咖啡豆的好奇心。

世界上最好的豆子被用来拍卖。想参与美国国际咖啡豆拍卖，只能通过既有会员介绍，再经历组委会的严格审核，才被准入。为了追

寻更好的豆子，许国明参加了几次。去年，最贵的豆子被拍出了 5000 块人民币一公斤的天价："再加上运费，税费，一切算下来成本价要 7000 多块一公斤。"

起初，这个拍卖的开始时间是北美时间的上午，后来，由于大陆和台湾对精品咖啡市场的抢占，索性将开始时间调整为北京时间上午。

亚洲市场，正在改变国际精品咖啡豆的交易结构。许国明庆幸，自己见证了这种改变。

多数时候，他不参与需要抛头露面的一切，那些收益他已不追求了。他如今热衷做点家乡菜，"但我不喜欢洗碗。"他热爱逛街买衣服，"我超喜欢买独立设计师的品牌，就要买跟别人不一样的。"说这些时，他想起自己最落魄那几年，连商店都不敢进，他痛恨那种喜欢却买不起的感觉。

为他所津津乐道的，不是过去的磨难，也不是现在的生意经。

他最后提起了两件事：

一件是今年在巴拿马寻豆时，两家大型庄园主差点为了他打起来。那是当地的两个冤家，都安排了饭局，请许国明吃饭。每一场饭局，另一方都故意赶来，却都被东道主告知"没你的位子"。"真的要打起来。"说起这个的时候，他满脸坏笑，像主导了一场闹剧的小孩。

另一件是，他已不习惯台湾的气候，每次回乡都会晒伤：这些年的咖啡冒险之旅，已把他变成一个地道的青岛人。

（部分图片由受访者提供）

Special recommendation

许国明的 4 支“心头好”

{ 文由许国明口述整理 }

Costa Rica
Dota El Diosa Geisha

Costa Rica
Canet Musician Series Bath

Panama La Esmeralda
Geisha Jaramillo

Panama Janson
Geisha washed

哥斯达黎加

多塔 女神庄园 瑰夏

咖啡 36 味

黑醋栗味 Blackcurrant
枫糖味 Maple syrup
香草味 Vanilla
杏仁果味 Roasted aimonds
黑巧克力味 Dark chocolate
奶油味 Butter

NO.1

Costa Rica

Dota El Diosa Geisha

干香 Fragrance

茶香、柳橙、莓果、
小红莓、甜香明显
花香、香草、杏仁、
香气多变、焦糖、甜香料

花香、巧克力、
香草、百香果、
奶香、焦糖甜、茶香

啜吸 Flavor

饱满油脂感、枫糖甜、明亮的青苹果、蔓越莓、活泼多变的水果风味，红茶、红樱桃、杏仁、奶油甜香、香草与甜香料感、整体厚实、香气持久、余味细腻且口齿留香

位于哥斯达黎加最知名的 Tarrazu 地区里面的多塔地区以专门生产微批次瑰夏品种著称。
1865 年，由首都延伸的公路建设开发至多塔山谷时，经过了一个典型的高原地形，这里不论是土壤或温湿度，在咖啡的种植条件里来说都是上上之选。
女神庄园建成于 1960 年代。庄园主和现在非常火的巴拿马瑰夏之父 Pachi Serracin 当时是非常好的朋友。Pachi Serracin 从哥斯达黎加的农业科学研究站 CATIE 带回了瑰夏品种。因为瑰夏当时可抗两种锈菌，所以他把瑰夏苗种在自己庄园并分给其他庄园种植（包括翡翠庄园）。但瑰夏的产量很低，经济效益甚差，只能混合其他咖啡豆种贩卖。各庄园都可以找到一些瑰夏树，有的甚至作为咖啡园里的防风林。直到 2000 年之后，翡翠庄园的小皮特森发现瑰夏的风味极富魅力，瑰夏才一战成名。

女神庄园的有机农法：

利用当地原生林木及果树作为咖啡遮荫，使用的肥料是咖啡樱桃果肉混合糖蜜，添加临近山区矿物质含量高的沃土，配合微生物发酵，制出可增强咖啡栽植抗病力的有机肥。也用加州蚯蚓来作培养土壤，直接在施肥期供作咖啡树的主养分源并混合栽植多款咖啡品种。

处理过程中一律以手工选采熟透的红紫色浆果并严密控制浸泡发酵过程，发展出非常独特的恒湿处理法。不多也不少的发酵程度让咖啡的清澈度与复杂度获得了绝佳的平衡，让其风味表现出更佳的稳定度，把瑰夏的特别风味一层层地表现出来，让人陶醉不已。

哥斯达黎加

卡内特系列 音乐家 巴赫

咖啡 36 味

蜂蜜味 Honeyed
奶油味 Butter
焦糖味 Caramel
黑醋栗味 Black currant
柠檬柑橘味 Lemon citrus
黑巧克力味 Dark chocolate

NO.2

Costa Rica

Canet Musician Series Bath

干香 Fragrance

樱桃、莓果、李子、草莓、桃子、茉莉花

湿香 Amoral

强烈极具侵略性的花香、甜而细致、柠檬、柑橘、莓果带点成熟的葡萄酒酸、愉悦的花香

啜吸 Flavor

饱满油脂感、枫糖甜、明亮的青苹果、蔓越莓、活泼多变的水果风味，红茶、红樱桃、杏仁、奶油甜香、香草与甜香料感、整体厚实、香气持久、余味细腻且口齿留香

黄卡杜艾（Yellow Catuai；Catuai Amarillo）来自新世界（Mundo Novo）与卡杜拉（Caturra）的混种，最早由巴西的康琵那农业研究所（Instituto Agronomico de Campinas）在 1949 年培育出来。

黄卡杜艾与红卡杜艾（Red Catuai;Catuai Rojo）一样，都有极高的抗病力，适合栽种在高海拔与多风的区域。两种卡杜艾都有很细致干净的酸味。通过机器的调整，产出红蜜、黄蜜、黑蜜处理的咖啡（颜色取决于蜜处理的程度）。

卡内特庄园位于哥斯达黎加 Tarrazu 咖啡种植的最高海拔区域。此区为哥斯达黎加水果种植最密集的区域，庄园主以种植百香果为主，咖啡数量则相当稀少，只在一个特定的区域中种植咖啡，并采取特殊照顾，只摘采成熟的红樱桃果实。

黑蜜处理是百分百黏质层保留且无水的处理法，这种处理法难在必须配合天时。在樱桃采收当天，要进行去皮后保留黏质层的作业，再晒干。而这个阶段的气候因素是黑蜜能成功与否的重要因素：必须有很充足的日照，将豆体表面晒干。

庄园内的独特品种黄卡杜艾黑蜜处理后被命名为巴赫，它的整体口感变化丰富，具有饱满的油脂感，干净度佳，甜度表现极佳，莓果到柑橘的果酸变化层次丰富多变。

巴拿马翡翠庄园

瑰夏 竞标批次 Jaramillo

咖啡 36 味

马铃薯味 Potato
咖啡花味 Coffeeblossom
玫瑰花味 Rose
黑巧克力味 Dark chocolate
枫糖味 Maple syrup
柠檬柑橘味 Lemon sitrus
苹果味 Apple

NO.3

Panama La Esmeralda

Geisha Jaramillo

干香 Fragrance

佛手柑、蜜甜、花香、柑橘、茶香、果汁、茉莉花香、蜂蜜

湿香 Amoral

玫瑰花香、梅果、柠檬、牛奶糖、柳丁、焦糖香

啜吸 Flavor

味饱满、口感极为纯净、丰富的气味从坚果、甜橙、香柠檬蔓延到独特的玫瑰花瓣香气、浓郁的柑橘味、强烈花香与太妃糖香气、水果风味缭绕于喉韵间、近乎完美的杯测属性

此品种发现于 1931 年的阿比西尼亚（现今埃塞尔比亚）西南方瑰夏森林。在将近一世纪的时间被引进非洲的肯尼亚、乌干达、坦桑尼亚以及哥斯达黎加等地。1970 年被带到巴拿马种植。

2002 年对于翡翠庄园来说是一个转折点，当时庄园主的第二代认为整个庄园（庄园咖啡栽种 2 大区域 Boquete 西南边原始翡翠庄园及 1996 年新纳入的 Jaramillo 产区）两区所生产的咖啡一直以来都是采收混合出售，整体质量评价虽然不错，但并非一定都是同等质量及风味，那股极为优雅的柑橘果香及甜味应该是来自于农场内某些优异的咖啡豆。

于是他开始逐一对园内各个栽种区块进行杯测评比，最后在 Jaramillo 园区内海拔较高的几个山谷中发现了一些瘦高且产量少的咖啡树所采收的咖啡豆，杯测风味绝佳。几经探寻下才知道这些喜爱生于高海拔低温的品种就是后来名气响亮的 Geisha（瑰夏）。瑰夏豆自 2004 年“称王”以来，连续六年蝉联冠军，曾担任 BOP（Best of Panama）评审的杯测师 Don Holly 在首尝瑰夏之时惊叹道：“我终于在咖啡杯里，看见上帝的容颜！”

巴拿马 詹森庄园

瑰夏 水洗

咖啡 36 味

苹果味 Apple
玫瑰花味 Rose
咖啡花味 Coffeeblossom
柠檬柑橘味 Lemon sitrus
枫糖味 Maple syrup
黑巧克力味 Dark chocolate
马铃薯味 Potato

NO.4

Panama Janson

Geisha washed

干香 Fragrance

茉莉花香、莓果、
柑橘、香蕉、
水蜜桃、芒果

湿香 Amoral

野姜花、哈密瓜、
柠檬、葡萄、
果汁感、黑醋栗

啜吸 Flavor

经典瑰夏的完美风味，细致柔美的酸质、轻盈口感、花香与蜜糖交织出令人无法忘怀的绝妙尾韵

2004 年巴拿马的皮特森家族第一次把瑰夏品种呈现给大家，自此国际间开始对瑰夏为之疯狂，又称其为“咖啡界的香槟”。

2013 年巴拿马精品咖啡协会（SCAP）颁发的最佳巴拿马咖啡奖有了一个新的入围者，就是卡尔詹森的詹森庄园瑰夏品种。在国内应该很少听闻詹森瑰夏，因为这个庄园都是以内销为主，没有做出口。另外庄园内百分之五十以上都是种植瑰夏咖啡并且是巴拿马瑰夏产量第二多的。

卡尔詹森本为瑞士人，在 1940 年代初来到巴拿马，爱上了 Volcan 的高峰和山谷，在与妻子 Margaret 结婚后随即启动了巴拿马首家自动化农场，种植咖啡豆以及发展畜牧业。该农场与生俱来的优势条件：丰富的火山灰土壤、1700-1750 米的海拔高度，都非常适合咖啡豆生长。

詹森农场不只有专属的咖啡加工厂对咖啡樱桃进行加工，还使用了最好的烘焙方式，以求呈现最完美的杯测结果。它是一个有机生态农场，将咖啡樱桃经过有机处理后作为农场施肥，注重水土保持，回收山泉水以及每年进行造林作业。同时也是一个农业旅游目的地，结合咖啡之旅和欣赏巴拿马最高处的湖泊作为主要行程。他们也提供农场工作机会，供应宿舍、提供医疗保健及教育经费，还会不定期举办夏令营活动，希望来此的人能获得在农场工作的机会，同时也享有较高的生活品质。

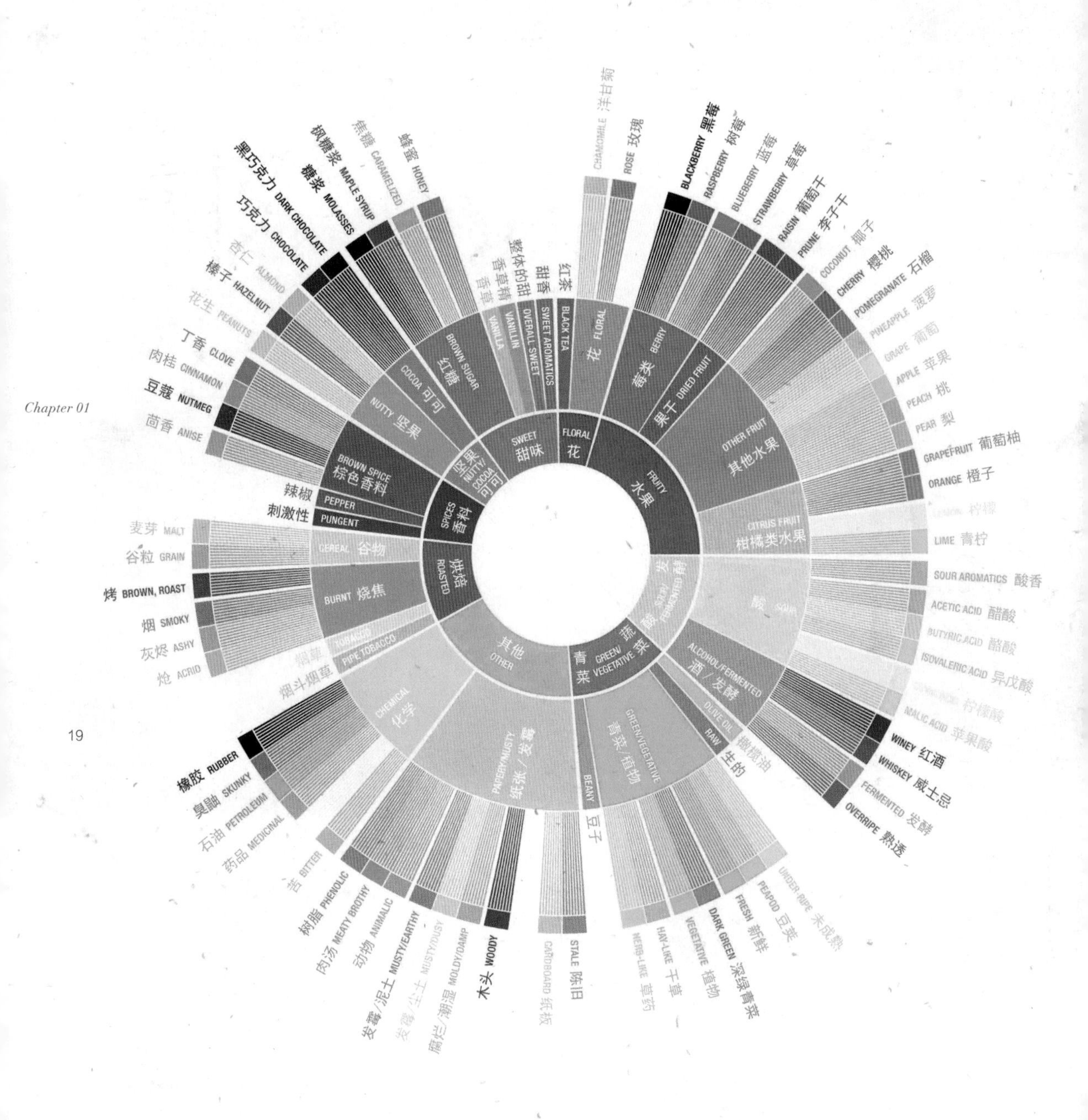

Coffee Taster's Flavor wheel

SCAA 风味轮

（图片来自 SCAA）

顾沁如

咖啡寻豆师

80后 狮子座
COE（卓越一杯）国际评委
Q-GRADER（咖啡品质鉴定师）
LATORRE&DUTCH COFFEE CHINA（澳大利亚）大中华区负责人
世界咖啡冲煮大赛中国区主审
IWCA（International Women In Coffee 世界咖啡女性协会）中国区联络人

一杯咖啡能给你带来什么？

人在孤独，焦虑和困倦的情况下，一杯熟悉的热咖啡可以带来慰藉。也许是在办公室文件堆中释放一些烦躁，也许是在独自旅行中获得一杯温暖，也许是跟朋友分享来自遥远产地的风味。

常年出差在外，咖啡对你的意义是？

不同的人因为一杯咖啡相遇，我们用对咖啡的热爱和讨论来度过那些远离家乡、孤独的日子，咖啡是一个连接点。

喝咖啡的时候需要准备些什么？

准备好放松享受的心态就好。

只为一颗好豆子

陈湘淅 _ 文

2015 年夏，非洲卢旺达咖啡生豆产区，旱季已经到来，条件异常艰苦。顾沁如和她所在的国际评委团队驻扎在此，集中展开咖啡杯测。

不时停电已成常态，每每听到烘豆机的声音戛然而止，顾沁如的心仿佛被什么东西拉着往下沉。

烘豆机运行中断电，意味着这一锅咖啡豆得全部返工。工作效率因此大大降低，有人开始抱怨连连。

“克服不良情绪，把工作完成才是最重要的。”顾沁如不停告诫自己。

当时窗外忽然传来一阵枪声，屋内瞬间鸦雀无声。没人知道发生了什么。安保人员用手势示意众人待在原地不要动，然后迅速集合去了屋外。大家面面相觑。过了一会他们返回屋内，说没什么事情，让大家结束杯测后直接返回酒店休息，不能随意走动。人群一阵嘀咕。

这是顾沁如第二次作为国际评委参加 COE（Cup of Excellence）咖啡生豆杯测会，同行的还有十几个其他国家和地区的咖啡品鉴师。从前在时局动荡的生豆产区，他们曾全程被警察荷枪保护，但从来没有遇到任何危险情况。这次被全面限制行动，起初她还觉得有点夸张，直到次日他们听说头天外面街上发生了枪战，总统的弟弟被杀了。

顾沁如这才忽然意识到产区寻豆这件事，恼人的已经不仅仅是旅

途奔波、消耗体力这么简单。

在做精品咖啡之前，英语系毕业的顾沁如先后做过同声传译和银行的Loan-admin。同声传译需要注意力高度集中，迅速吸收、处理和输送信息出去。行业竞争激烈，顾沁如不想被比下去，于是拼命学习，提高自己的业务能力。却又隐隐觉得被动接收翻译的工作对她来说少了点什么。

二十岁出头的日子，一眼看不到未来，每天高强度的工作让她一度精神压力很大。身边的同学很多都去了银行工作，他们说那里氛围轻松，待遇也不错。家里人也整日苦口婆心地劝说："有一份稳定的工作就好，女孩子那么拼干嘛。"

拗不过这些声音，顾沁如进了银行。银行的工作相对来说确实轻松多了，每天接过客户经理的数据，操作一下内部系统，审核通过存档就好。

为了提高工作效率，顾沁如把银行里面所有系统的编码，以及如何操作系统写成了一本手册，据她说，只要有这本手册，就算是新进来的学生也能把工作完成。但同时她又觉得每天千篇一律的工作实在无聊极了。"每天进单位之前，能做什么不能做什么就已经被安排好了。"

本来在安逸的银行休息得

已经快要麻木的身体，因为一些新鲜的念头又莫名躁动了起来。

“人最终都会选择与她性格相符的职业。”

谁说女孩子就不能拼？顾沁如这一拼，拼到了非洲来。

其实作为一个寻豆师，不仅非洲，还有赤道附近的中南美洲、东南亚、印尼等等咖啡产区集中的地方，顾沁如都要去一一拜访。虽然并不是很发达的国家和地区，但不同的咖啡产区条件有着天壤之别，这跟当地的经济文化发展水平息息相关。

卢旺达的条件就异常简陋。顾沁如回忆说：“刚到这里时，放眼望去全是红色的泥土地，几乎没有楼房，都是矮平房，房子表面还盖着草。”

想到第一次去萨尔瓦多参加杯测会，虽然滞留在机场很久，但产区的条件很不错，一路上风景优美，住宅区的人们家家户户种花养草，基础设施也很完善，顾沁如在那里度过了非常愉快的几天，她一度以为咖啡产区都像萨尔瓦多那样颇有情调。现在条件艰苦不说，自由还被限制，加上信息闭塞，日子显得特别无聊，大家的士气都跌了很多。

好不容易把杯测工作全部完成，顾沁如绷不住了。脱离工作状态的她只想疯玩一把。她四处打听，发现当地的国家森林公园有一个“寻找大猩猩”的野外项目，听起来不错，但价格很高，她有点犹豫。

“但他们说这是一生中必须要去经历的事。然后我这种性格，一听到这种话就疯了：‘好好好！我喜欢经历，我们去经历吧！’”。

于是顾沁如和几个同行的评委结伴进入了原始丛林。在原始丛林里前行，一路的荆棘刺得人浑身疼，顾沁如却直呼过瘾。难得跨越了小半个地球到这里来，顾沁如要抓紧一切机会体验不一样的异国风情。

之前在萨尔瓦多的 COE，针对 31 只萨尔瓦多国内评委预先评选出来的超过 85 分的咖啡豆，要举行为期四天的咖啡杯测会，国际评委们负责给这些豆子重新打分。

第一次代表中国参与 COE 国际杯测的顾沁如，着实捏了一把汗。因为稍有差池，不仅专业水平会遭到质疑，还有可能在另外十几个不同国家的人面前令中国咖啡人颜面扫地。而之前在西雅图 SCAA 展会上，就已经有杯测经验丰富的评委前辈吓唬她：“好好打分，不在范围内会让你滚蛋的。”

怀着忐忑和期待，辗转飞行了 40 多个小时，却因为签证问题被告知无法入境，顾沁如心急如焚。其实她早就担心只有美国的商务签证入

境时会很麻烦（中国当时尚未与萨尔瓦多建交），为了不耽误杯测行程，还特意提前了一天抵达萨尔瓦多。

困在机场没有一个同行的伙伴，不论怎么解释签证官就是不相信自己，顾沁如十分窝火。后面交涉时萨方工作人员居然飚起了西班牙语，她完全听不懂，场面一度僵持。6 个小时过去了，事情毫无进展。

“说真的，我当时内心万马奔腾。”

也不知道是不是天无绝人之路，最后一刻顾沁如灵机一动想到了 COE 组织负责人，于是紧急求助于他，后来那个美国人一通越洋电话打到萨方外交部解决了这个问题。

这次经历以后顾沁如深感自己不是顺风顺水的体质，但一味发泄情绪解决不了问题，所以她给自己定下了“不管有多糟糕的情绪，先把工作完成”的信条。

抵达萨方的酒店以后，她直截了当地要了一个最安静的房间，稍事整理后火速入眠。咖啡杯测需要身体、注意力和感官高度集中，因此要保障高质量的睡眠。

“国际评委组的预赛分两轮，第一第二天为第一轮，第三天为第二轮，第四天为前十名排名大决选。同一场最少杯测 5 只咖啡，最多杯测 10 只。每一只咖啡会有 4 杯同时进行杯测校对。以一组 10 只咖啡为例，一般我个人的习惯是喝 4 轮，从热喝到冷，测试咖啡在不同温度下的酸，甜，风味，醇厚度以及有无瑕疵风味。所以一组最少是啜吸 160 次。一天 4 场的话，吸到后面真的会感觉腹部无力，嘴唇发黑（长时间接触咖啡液）。”

啜吸极消耗体力，它使咖啡液迅速在口腔内雾化，此时味觉、嗅觉和想象力都要充分调动起来。而由于是盲测，记录下来的数据会检验你的记忆力。同一款豆子，打分差别超过规定的区间，就一定有问题。即便大家都已经在国际上享有盛名，但对咖啡品鉴能力的考核是随时随地的，并不会因为你已经获得了头衔而停止。

对于一个优秀的寻豆师而言，杯测是基础，只有采集了详细的杯测数据才能尽可能全面地反映出一款豆子的风味和品质。

杯测时一般要用到两个杯测勺，一个用来舀咖啡液，另一个用来接着上面的，防止咖啡液

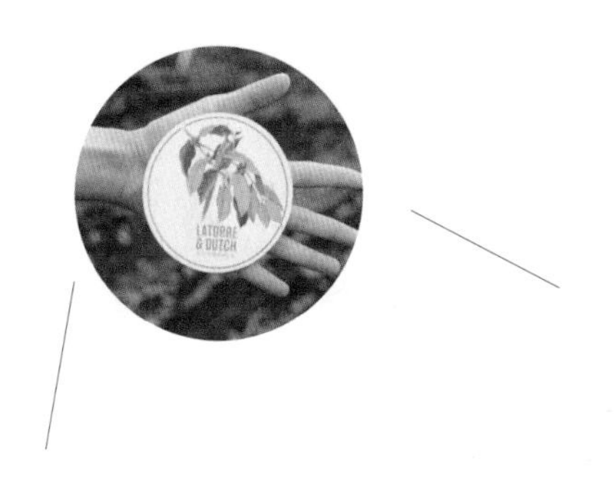

洒落。顾沁如就有两个自己专属的杯测勺，为了保护自己的“幸运武器”，她还亲手做了一个皮质的杯测勺包。软软的牛皮包裹着两个镀银的杯测勺，皮面经过人手的不断抚摸变得柔软，散发着温柔的光泽。

每个咖啡产地都有大大小小形色各异的咖啡庄园，所谓“十里不同雨，百里不同风”，有时自然条件的细微差异就会导致咖啡豆风味的迥异，更不用说人工培育方法以及后期处理的区别。顾沁如很珍惜亲自寻豆的机会，她一般都是马不停蹄地奔赴在一个又一个庄园之间，因此随身带着她的杯测勺包，“随时准备进入战斗状态”。她把两个勺子擦得一丝不苟，上面布满的细细的划痕，见证着她从一个咖啡小白到今天寻豆大师的奋斗历程。

2012 年，顾沁如辞去了银行的工作，投身外贸事业。经朋友的介绍，她承接到了第一单业务：来自海外某咖啡生豆公司的一批精品咖啡豆。外方嘱咐她尽力就行，因为他们并不抱什么希望——彼时中国大陆的精品咖啡市场份额在国际上几近于零。

顾沁如感觉自己来到了一片处女地，随意开垦，粗细由君的那种。这种能完全由自己掌控节奏的感觉让她兴奋不已，做出成绩来说不定能让趾高气昂的外国人对中国市场刮目相看。狮子座天然有一种野心和激情。

她通过各种渠道找一些目标顾客的联系方式，然后挨个给他们打电话。这是一个笨办法，但对咖啡市场一无所知的顾沁如来说似乎也没有更好的办法，迎头直上总比冥思苦想有效率。

“我们买咖啡豆一般是 25 块到 35 块一斤，什么咖啡豆值 70 块？太贵了吧。”类似这样的拒绝中，夹着不可思议的质疑，她像被迎头泼上了一盆冷水。顾沁如心里有一个不成熟的商业理念，她觉得不管怎样的产品，都应该有它相应的市场，只是她还没有找到。她不放弃，继续寻找更多的人询问，后面就是被泼上一桶冷水。这下连她自己都开始质疑了：这个咖啡豆为什么值这么高的价钱？

初次推广的彻底失败，让从前不管做什么工作都风生水起的顾沁如一下子泄气了。尽管

脸上有些无光，她还是鼓起勇气向外方讨教缘由。

对方也说不上原因，他们其实根本不了解中国的精品咖啡国情，只是轻描淡写地建议她去学习系统的咖啡品鉴课程，这样至少她自己会更了解什么是真正的精品咖啡。那时候内地咖啡专业培训不成气候，顶尖的咖啡品鉴课程要去香港学，不仅课时价格昂贵，来回机票钱也不菲。公司才刚起步，资金并不充裕，而且学了咖啡品鉴之后又能怎样？但踌躇不前并不是顾沁如的风格，她不甘心因为起跑慢而输在赛场上，于是心一横，踏上了未知的求学道路。

没人知道她在短短几个月时间里怎样恶补咖啡知识，又在后面的几年间反复磨练咖啡品鉴技能直到炉火纯青。80后的她，从事咖啡行业不过5年左右，现在已经头顶“COE（卓越一杯）国际评委”“Q-GRADER（咖啡品鉴师）”“LATORRE&DUTCH COFFEE（澳大利亚）大中华区负责人”等诸多荣誉称号，成了别人眼中的传奇。

不管在国内还是国际精品咖啡江湖上，提到顾沁如大家印象中都浮现“顾娘娘”成熟老练的威严霸气。可对顾自己来说，她此刻做每一件事情，依然和二十岁出头时的心情无异：认真专注、全力以赴。人的生命路程上有许多拐点，有人拐着拐着就跑偏了，顾沁如

做了三种风格迥异的工作，仍然保持着一颗初心。

逐渐把工作重心放到寻豆上，是因为一颗好豆子是一杯好咖啡的基础所在。作为一名寻豆师，五年来在国际上走访各种各样的咖啡庄园，奔走在寻找好豆子的旅途上，与咖啡庄园的人事打交道，获取新鲜的咨询，感受不同的地域特色，顾沁如觉得生命有一种时刻被刷新的感觉。

在埃塞俄比亚，人们喝咖啡的方式非常随意：他们习惯用一个小火炉盛着咖啡豆，用小铁锤细细捣碎，接着煮熟了与大家分着喝。咖啡在他们的生活中很日常，也很必需。“居然连市区的办公大楼里也有人这样做咖啡，上班族一人一个小马扎，坐在马扎上喝完一杯咖啡后再去上班。”顾沁如说，这个场景和她印象里国内某些喝咖啡的高级场景形成鲜明对比。

在去肯尼亚时，顾沁如回忆说之前在国内一直喜欢肯尼亚的豆子，当时即将抵达产区的心情就像“马上要和认识多年的网友见面”一样期待又激动。她周末抵达了合作社，当地工作人员十分重视，早早在社里等候。原本在当地的文化里，周末是用来陪伴家人，绝不会用来工作的。顾沁如为此十分感动，工作结束后她还被邀请一起用餐，餐前众人齐齐低头祷告，虽然之前在电视里这样的场景屡见不鲜，但在现实生活中参与其中，她还是第一次。她被这种有所信仰的精神深深触动：“瞬间鸡皮疙瘩激起。不是震撼，是作为局外人的一种遗憾。”顾沁如觉得值得尊敬的是他们的虔诚。

咖啡庄园多是家族企业，庄园主一般世袭，往上几代都是农民。但随着时代发展，咖啡利润变高，庄园主也变得富裕起来。他们送自己的小孩去美国上学，接受不一样的文化教育，等这些小孩学成回来，有的不愿意继续接管庄

园了，有的则想试验一些新奇的想法。这是家族企业一定会面临的矛盾，不同代际的人思想的碰撞，将来很可能会导致国际咖啡市场发生很大的变化。“我很期待看到咖啡市场将来的一些变化，有变化说明充满了活力。”

咖啡作为一个桥梁，联通了世界上的一部分人。为了一杯咖啡而来的咖啡猎人们，不仅把咖啡香气散播到了世界各地，也充当了不同文化之间碰撞、交汇的角色。

而之所以称咖啡寻豆师为咖啡猎人，源自他们对信息的高敏锐度、高体能、精准的预判能力和果断的决判力。在专业领域巾帼不让须眉的同时，顾沁如还是一个优秀的商人和企业家。判断一款生豆的品质基于专业咖啡品鉴的能力，判断它的价格是否值当，则是一个好商人的职业素养。

在国际上，商业咖啡生豆的价格会挂牌公开展示，每天牌价都会波动，精品咖啡豆的价格以商业豆的价格为基础，适当上涨。但也有一些顶级庄园的生豆，名气在外，完全脱离牌价的影响，价格自成一派。对此顾沁如并不会照单全收，她要根据风味来衡量：“一方面，作为商人来讲其实是要去满足市场的，但我们也觉得我们也承载了一定的市场价值，或者是桥梁。我们并不想去过多地推动这种太高的价格，我们会推荐客户去买性价比高的。”

良好的市场愿景是希望既能把好品质的咖啡带给国内消费者，又能适当抑制国际上咖啡生豆价格的狂飙乱涨。咖啡是一种农产品，自然生长出来的，和生产机器不同，它没有一个绝对稳定的标准，需要市场的包容。

目前中国精品咖啡市场的发展不过五六年，已经出现了一些对咖啡“过分”的要求，顾沁如认为这样不妥：“消费者不能过度去要求，不能迫使生产市场做坏事。”而喝不喝咖啡，说到底也只是一种选择。

市面上无数种饮料，大家可以随心所欲地挑选，咖啡只是其中一种，它也许有特殊的风味和不平常的品质，但喝咖啡的人并不会因为喝了这一杯咖啡而变得特殊或者品质发生改变。

至今仍有很多人对咖啡抱有偏见，有人焦虑于低劣咖啡中的高咖啡因，也有人过度神化一杯精品咖啡的格调，这些都不是顾沁如希望的。她希望能把咖啡推广给更多人喝，不能上来就跟消费者讲太多复杂专业的东西，如果让对方产生一种“我要先学习才能享受”的感觉，会是一个很大的消费门槛，这样的推广工作肯定要失败。作为企业家的她，花了很多精力来研究咖啡产品、研究市场，不仅是出于盈利考虑，更是因为做咖啡这件事，给她带来了很多成就感和价值感。咖啡是世界文化的桥梁，而她是咖啡生产者与消费者之间的桥梁。顾沁如希望她“这座桥梁”能给产地的庄园主肯定与支持，也希望消费者能珍惜这些独特的咖啡风味。做生意说到底也是人与人之间的交往际遇，人的付出和努力需要被肯定，人的心意需要被珍惜。

2015 年在西雅图的 SCAA 展会上，与会人员聊起各自的工作和经历，IWCA 的前主席 Grace 听完顾沁如发言后，诚挚邀请她加入 IWCA（世界咖啡女性协会），她认为作为一个国际咖啡届知名的事业女性，顾沁如的经历和思想会给产地正在为了自己的独立生活奋斗的女性以鼓舞。同年十月，IWCA 在哥伦比亚波哥大的举行年度峰会，邀请顾沁如过去进行 15 分钟的主题演讲。她准备了很久，因为她意识到的确是有很大一部分女性，困在男性权利之下，苦苦追求平等权利和地位。和她们比起来，相对和平宽松的社会环境和时代并没有给顾沁如造成太多的困扰，以这样的经历和身份来鼓励这群正在承受苦难的女性，是需要技巧和智慧的。

在顾沁如的眼里，寻豆师这样的职业不分男女，对咖啡事业的热爱也不分男女。她从不给自己贴上性别标签自寻烦恼，唯一关心的就是如何排除万难，抵达那一颗好豆子。习惯了在路上的她，几乎不会给自己设定短期或者长期目标，今年的产季寻豆结束，就回到国内和咖啡爱好者分享这一年的寻豆成果。来年新的豆子成熟，她又立刻出发。

（部分图片由受访者顾沁如提供）

张龙 X 静默咖啡馆主

80后 水瓶座
静默咖啡馆主
在无声的世界里守护一杯纯粹
目前正带领团队筹备静默咖啡馆，这很可能是国内第一家由聋人咖啡师独立经营的咖啡馆。

一杯咖啡能给你带来什么？

人在孤独、焦虑和困倦的情况下，一杯熟悉的热咖啡可以带来慰藉。也许是在办公室文件堆中释放一些烦躁，也许是在独自旅行中获得一杯温暖，也许是跟朋友分享来自遥远产地的风味。

常年出差在外，咖啡对你的意义是？

不同的人因为一杯咖啡相遇，我们用对咖啡的热爱和讨论来度过那些远离家乡、孤独的日子，咖啡是一个连接点。

喝咖啡的时候需要准备些什么？

准备好放松享受的心态就好。

不只是静默

Chapter 01

孙　琪＿文
樊从祥
宋潇毅＿摄

张龙本无意于成为一位咖啡从业者。读大学的时候，得知有咖啡师这么一种职业，当时他还笑这职业够奇葩的。命运就是如此有趣，当时的他绝对想象不到，咖啡后来不但成为他最爱的事业，还给他创造了一个崭新的天地。

静默的世界里，与咖啡结缘

张龙出生于天津宝坻，是一个水瓶座男孩。被取名为"龙"，可见长辈对新生男孩的喜爱，期盼他能拥有腾飞的未来。两岁时生了一场病，因为医院的不当治疗，这个淘气的男孩被夺走了听力。伴随听力的丧失，发声也变得困难。从此，小男孩张龙进入了一个无声的世界，并从此存活其中。

初识咖啡，滋味并不美好。一次，有人送爷爷一箱雀巢咖啡伴侣。老人极疼孙子，忙拿出一包，笑呵呵地递给他。年幼的张龙并不认识这是什么，以为是好吃的，打开包装倒进嘴里就嚼起来。啊！小张龙心里叫苦。这是什么，怎么这么苦啊？咖啡吗？好的，我记住了，以后遇见这东西要躲得远远的。

伴随着快乐，也伴随着磕磕绊绊，小男孩长成了高个子青年。离开家乡天津，到北京读大学。年轻的张龙充分地享受着自由的空气。本专业的课程枯燥无趣，百无聊赖之际，咖啡培训课程进入视野，带

着好奇心，他报名参与。授课的老师是一位五十多岁的长者，不苟言笑，但是对咖啡的教学有极大的热情，对待张龙十分耐心。在学习的过程中，张龙确立了目标，将来要做一名咖啡师，开一家自己的咖啡馆。

大学毕业，张龙选择留在北京。这座城市汇集了太多的信息和资源，每天有各种各样的欲望在城市的上空叫嚣。但这些不会影响到张龙，他和爱人虾米住进了“慢吞吞”的胡同里。他喜欢老胡同的安静美丽，遍地都是小小的咖啡厅和Bar，没有紧张的气氛，没有高楼林立。

冲咖啡的每一个步骤，都让他感到满足。

因为听不见，学做咖啡的过程中多了很多阻碍。其中打奶泡最为困难。其他的学员通过倾听机器的响声，能很准确地把握时间点来调控奶泡的状态。而张龙只好用手触摸奶缸，通过感受奶泡震动的变化来掌握“火候”，这很困难，他反复地练习，毫无怨言地努力，终于学成。

2012年入职星巴克，担任咖啡师。一开始同事们因为他的不一样，没有一下子接纳他。不过很快他用出色的表现赢得了大家的尊重，因为技术真的很棒！

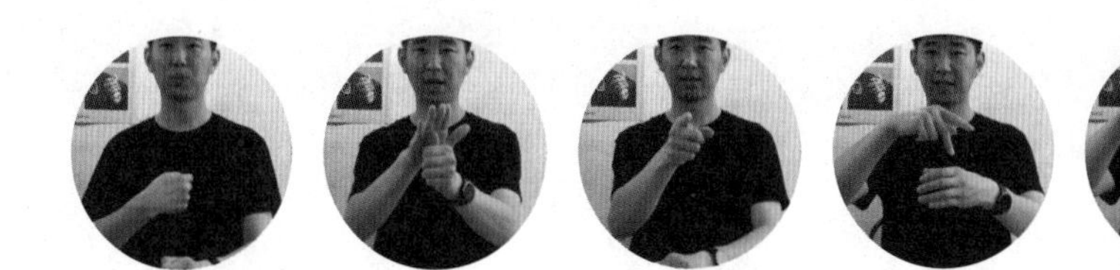

“ 我爱你咖啡 ”

张龙最喜欢的咖啡豆是烛芒。喜欢它具有独特的柑橘、柠檬的水果香味，又带有茉莉花的芬芳，有着与葡萄酒相似的酸味，味道干净无杂感，就像喝到现煮的新鲜柑橘水果茶，余味持久。他也很欣赏耶加雪啡产地的豆子。花香与柑橘类香十足，表现上令人激悦，中度烘焙后有柔和的酸味，深度烘焙后散发出浓郁的香味，丰富且均匀的口感是耶加雪啡最引人入胜的特色。

他喜欢做咖啡时的自己，就像是找到了一种自己喜欢的生活方式，抑或说是一种自己觉得舒服的状态。无论天气是明媚或是阴郁，总想寻一处角落给自己最大的自由，一个人发呆，放空自己。

张龙说，“一杯咖啡，对我意味着放松的开始，甚至在我走去咖啡店的路上，心情就已经开始放松了。推开门，扑面而来带着咖啡香的亲切感，还有咖啡师调制时的专注，也让这杯咖啡有了新的生命！能让人享受孤独带来的清明，就像一位魔术师一样，可以破解咖啡豆的秘密。有时做得不够好，能被挖掘出不足之处也是一种幸福，要感谢用心品味的人。这也是咖啡馆除了是思想交流场所之外，又一个值得驻足的原因。”

张龙认为自己是热情、自我的人，渴望打破传统，兴趣十分广泛。喜欢美食，且厨艺极佳。喜欢旅行，在泰国、印尼、新加坡等地发现了一些很好的咖啡馆，那些店里的旧木头，水泥台，小卡座，复古配饰，阳光下的拿铁，窗前瞌睡的猫，都是他喜欢的模样，温暖亲切。接下来，他想去肯尼亚、埃塞俄比亚，造访那里的咖啡庄园。

咖啡与信赖，是沟通感情的桥梁。

对于咖啡伴侣的作用，张龙有一番自己的看法。他认为直接喝咖啡的味道比较苦涩，加了咖啡伴侣之后，使口感更加柔和温甜。犹如情侣之间的关系，没有了对方，你的生活会缺失一种甜甜腻腻的味道。 双方融合之后，汇聚苦涩甜腻于一体，盖住原有的苦，让一切变得有意义；相信彼此之间的陪伴，才不会觉得孤单。就好像他和爱人虾米，他们有时对事物的看法

不尽相同，各执己见，但是两人对外合称“龙虾”,互相陪伴，把小日子过得如同加了伴侣的咖啡，浓郁而香醇。

张龙相信，咖啡是有温度的饮品，一种需要用心创作的艺术。以咖啡为媒介，能够把爱意和关怀传达给他人。张龙的父母，其实心里很爱儿子，但是不善于表达。尤其是父亲，听说咖啡行业竞争激烈，一度不同意儿子放弃本专业去做咖啡师。后来，喝到了儿子亲手冲制的咖啡，固执的父亲被这香浓的味道说服了，再加上张龙本人的坚持，现在他们完全支持儿子的决定。张龙说，咖啡与信赖，是沟通感情的桥梁。

在筹备“静默”之前，张龙也尝试过开设咖啡培训课程，把当年从老师那里学会的，和在星巴克实践积累所得，传授给对咖啡世界有所向往的人们。除了聋人朋友，报名参加的学生里还有一位听人女孩。女孩会一点手语，不是很熟练，但这对师生还可以借助眼神、纸笔以及人与人之间的默契来沟通，整个教学过程非常顺利，甚至可以说毫无障碍。聋人和听人的交流，在平常的世界里很难实现，因为两个群体生理上有差别，彼此之间缺少了解，

很难走近对方。但因为咖啡，他们做到了。是咖啡增加了交流的机会。张龙表示，自己心目中的“静默咖啡”应该是一家没有音乐、人们可以无障碍交流的咖啡馆，客人能在这里体验到无声世界是什么样子，并慢慢接纳聋人的圈子，促进聋人、听人之间的亲密交流。

属于张龙的人生剧本，只有两岁的那场医疗事故出自上帝之手，其他的情节和场次，全由他自己写就。作为独立的灵魂，他发现了热爱的事业，找到了心意相通的爱人，选择了定居的城市，结交了一群投契的伙伴，不受任何人、任何事的摆布，活出了自己的样子。最为重要的是，他知道该怎样选择，也按照自己的选择去做。

（许光对此文亦有贡献）

SILENCE
COFFEE
北新桥头条
16

- 欢迎来到咖啡馆 -

“静默”

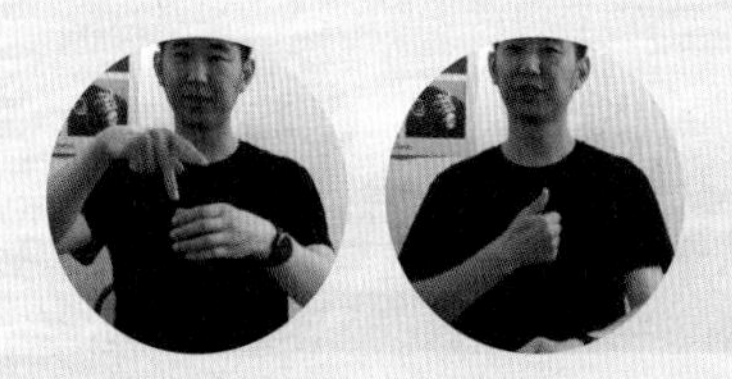

“咖啡师”

“咖啡馆”

张龙的咖啡手语课

- 试试用手语点单 -

“ 美式咖啡 ”

“ 卡布奇诺 ”

“ 摩卡 ”

张龙的咖啡手语课

- 不可不知的几种咖啡 -

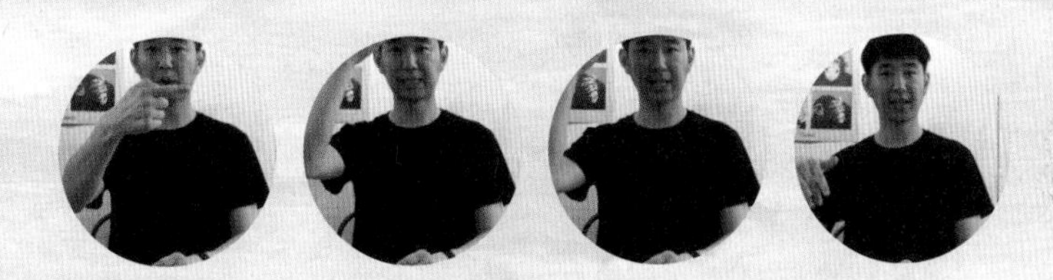

“ 瑰夏 ”

“ 蓝山 ”

“ 耶加雪菲 ”

李晓宇

资深咖啡老炮

70后 狮子座
1995年入行
焙炒咖啡二十余年
业内手艺标杆

喜欢在一天里的哪个时间喝咖啡？为什么？

其实我一天都在喝咖啡，每个时间都很美妙。我认为喝咖啡也是我工作的一部分。

用一句话形容冲泡咖啡时的感受？

咖啡要一气呵成才有生命力。

咖啡『喝嗨了』的感觉是什么？

我经常营造一种让喝我咖啡的人嗨的氛围，那个时候我才嗨。

带一种咖啡豆去环游世界，选哪种？

我当然会带我的：HOUSE BLEND，这个是我团队的结晶。

说起咖啡，你脑海中最先想到哪个人？

咖啡—我想的是我自己。

如果有"咖啡时光机"，带你回到某一次喝咖啡的瞬间，你希望是什么时候、在哪？

说实话，这样的瞬间太多了。我希望创造另外一个瞬间：当中国消费者撕开我们的产品，眼神中那瞬间的安全感，或者是对于味道的期待，就够了。

从工厂男孩到巅峰职人

Chapter 01

孙　琪＿文
樊从祥＿摄

被撞飞的自行车和美国老板的眼泪

1995 年的北京，一个寻常的中午，原西郊乳品厂锅炉房二层的阿罗科咖啡工作室迎来了午饭时间。这个由三位外国老板和一位中国员工组成的团队，刚组成不久。唯一的中国人叫李晓宇，今年 20 岁，是个天真愉快的北京小伙儿，他从一大清早开始擦咖啡器具，忙了一上午，早就饿得眼冒金星儿。刚要动筷子，美国老板 Ron 走过来，说了一句 ABC 味儿的汉语："利小鱼（李晓宇），你还不能吃午饭，先去王府饭店送一趟咖啡！"

"行！"李晓宇骑上自行车就走，路程很远，也不在乎。他年轻、欢脱、充满快乐，即使饿着肚子，也骑得极快。咖啡送到，往回返的路上，行至雍和宫，前面一辆公共汽车忽然减速，而李晓宇车速又太快，一场敌强我弱的追尾迅速发生，一瞬间，双方撞上。公交车一方纹丝不动，而另一方却连人带车被撞飞出去。在地面"滑行"的李晓宇，眼看着自行车在头顶的半空中划出一道抛物线，又掉落在头上方的地面上。他躺在那儿，浑身都痛，心想："糟糕！如果摔坏了自行车，我又要失业了！"

不远处停着一辆出租，坐在后座的人目睹了这整个过程。车窗摇下，露出一张白人男性的脸，是 Ron。Ron 把头微微倾斜，凝视着狼狈的李晓宇，眼里流下泪水。李晓宇试图站起身来，向对方说点什么。

这时，车窗缓缓摇上，出租车绝尘而去，消失在李晓宇的视线里……

现在是 1995 年，属于咖啡 boy 李晓宇的青春时代。

工厂男孩如何变身咖啡 boy

关于李晓宇的这份工作，事情还要从两年前说起。

1993 年，谁能进入北京的国营工厂，成为一名车间职工，还算一件让人羡慕的事。李晓宇就是这样一位幸运儿，18 岁的他，天真，简单，一身力气，进了北京西郊乳品厂，拥有了人生第一份工作。

几千人的国营工厂里，大家穿着一样的工作服，拿着一样的饭票，谁也不会想明天发生什么。今天菜场的茄子新不新鲜，哪个车间又有了绯闻，是最受工友们欢迎的话题。有一天，车间里在传个大新闻。“哎，你们听说没？咱们这儿来了三个外国人，在旁边租房，不知道要干什么。”大家议论纷纷。

原来，这是来自美国的律师 Ron，和另外两个外国人，要建一间咖啡工作室，创业自学炒咖啡。那时中国人还不知道工作室是干什么的，更何况他们起了一个听起来像化工厂一样的名字——阿罗科咖啡焙制北京有限公司。装修的事，老外亲力亲为，每逢要搬运沉重的东西，就到旁边乳品厂宿舍向人求助。宿舍二楼，住着一群十八九岁的大男孩，正巧其中就有李晓宇。李晓宇爱聊天，帮忙出点体力，也闲侃两句，双方都愉快。这时的他还不知道，命运在这里暗暗地帮他和咖啡种下了缘分。

1995 年“优化组合”，乳品厂说倒就倒，李晓宇失业了。隔壁的老外问他，“喂，你是不是失业了？”“嗯。”“你是一个好人，我们需要一个做杂活的，你来不来？”“干什么？”“搞搞卫生。”“那好吧。”

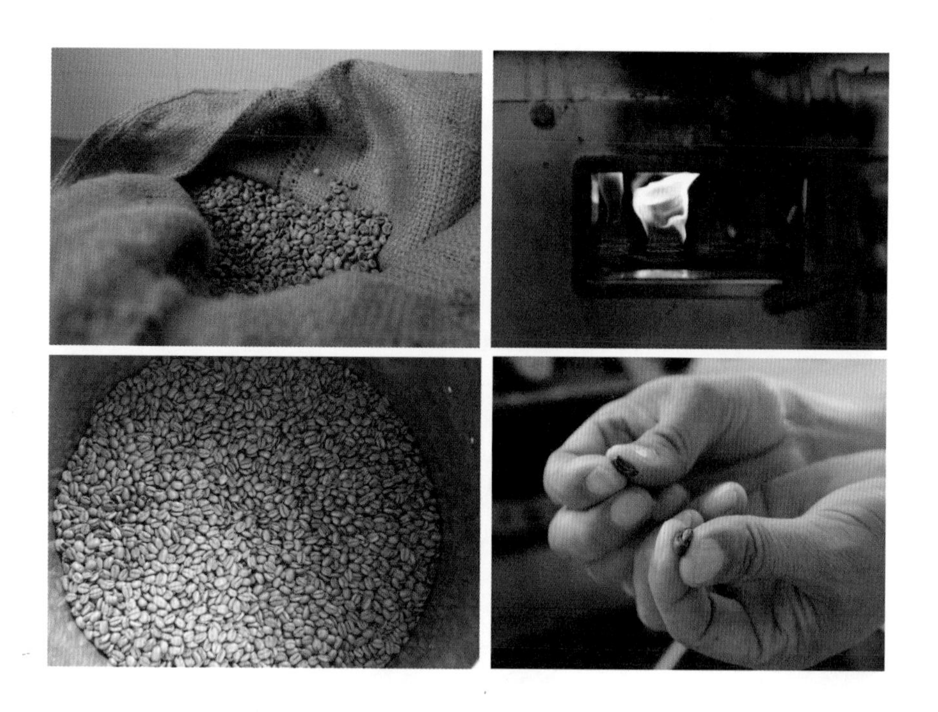

就这样，李晓宇又找到了工作，从国营厂的职工变成了私人工作室的员工。

肯尼亚 AA 的花香

他的生活发生了翻天覆地的变化。几千人的大集体留在过去，和大锅饭说声再见，规矩、制度已成昨天，每天一睁眼就开始兴奋，他要去一个有意思的地方，学习新东西了！

伴着清晨的鸽哨声，北京人骑上自行车，奔向新的一天。20 岁的李晓宇也在这清晨的队伍中。一路骑到阿罗科，他把车锁好，走进屋里，穿过一堆奇怪的瓶瓶罐罐和机器，来到一间办公室门前。敲门，里面的人不出来，只是递出一罐头瓶咖啡。李晓宇很习惯地拎着罐头瓶，拿上纸笔，到阳台去，坐下，喝咖啡，一字一句写起味道记录。

品尝最新烘焙的豆子做出来的咖啡，写味道评估日记，这是阿罗科四个人每天的固定项目。记录的内容不受限制，千奇百怪，甚至可以骂人。有的时候咖啡不好喝，“这太他妈难喝了，给狗狗都不喝！”有时品尝到独特香气，“肯尼亚 AA，这是咖啡吗？人们是不是用了很香的香皂洗手之后，泡沫没冲干净就做咖啡呀，怎么有一股花香的味道。”

今天，李晓宇尝了咖啡，忍不住啐了一口，大笔一挥，写下：“这咖啡，又酸又涩，还有一股柴火味儿……”

再度敲开办公室的门，把小纸条交给里面的老板。李晓宇这才接到指令：可以开始今天的工作了。

工作内容说来简单，就是把所有用过的东西，清洁恢复到全新的模样。水池不能有水，抹布要放好，所有的杯子摆放好……总之所有的一切，都建立严格的标准。除此之外还有一道禁令：不许碰咖啡机！

老板们为了得到外界对咖啡味道的评价，会请当时在北京、天津一带的外国人来品咖啡。而这时，“东方面孔”则需要“消失”。被要求躲进小黑屋，李晓宇慢慢品出不对味儿了，“这就是种族歧视啊！”虽然心有不满，他也不曾怠慢工作，一直充满了热情。每天都重复一样的事，从六月份一直到冬天。直到有一天，三个外国人很认真地把李晓宇叫到跟前，旁边摆着一摞纸，是他几个月以来所写的咖啡品尝记录。老板们说，“你知道吗？你现在的品鉴水平已经相当不错。我们四个人每天都喝一样的咖啡，有时我们喝一口就倒掉了，你却坚持喝完写记录，每天的记录都不一样。你在咖啡这件事情上确实有天赋。从今天起，你可以穿白色的工作服，进车间给咖啡机搞卫生！”

就这样，李晓宇升职了，凭着敏锐细微的味觉和花样百出的味道日记，他从外国的水池器皿清洁小工，升职成为清理咖啡机的圈内伙伴。虽然还是在原地不动，但他可以越过“专业的红线”，用手触摸和清洁咖啡机，向前迈进关键一步。

必须告诉人们，咖啡怎么喝才正确

李晓宇搞卫生的时候发现，研磨机里边有剩下的咖啡渣子。就这么扔掉，挺可惜的。他把渣子偷偷收起来，拿回去跟小伙伴说，瞧见没，这就是咖啡。谁知竟被 Ron 发现了，问他拿这个干什么，“吹牛啊”，李晓宇不喜欢撒谎。Ron 说，其实没必要这样，说着就从柜子里拿出前一天烘焙好的巴西、埃塞俄比亚的豆子，又找了一个法压壶，递给他，然后认真地说：“利小鱼（李晓宇），我们是做咖啡产品研发的，你如果喝就要喝正确的，你必须告诉你的朋友咖啡怎么喝正确！不能拿咖啡渣给人，你必须对得起咖啡的尊严。”

“那正是一个年轻人价值观形成的时候，遇到他们，全改变了。”谈起美国老师对他的影响，今天，42 岁的李晓宇既无奈又自豪地说，“我这才觉得，传播咖啡是一件很有尊严的事。”

那个年代，从小接受的教育就是得努力学习，取得好成绩，毕业分配到国有单位，找的媳妇一定要有工作。这样这个小家庭就是双职工，就能分到更多福利，争取分房子等等。可是命运让李晓宇来到了阿罗科，天天看着老外光着膀子、露一身毛，听着 James Brown 的卡带唱片，在热气腾腾的烘焙室里炒咖啡。年轻的李晓宇明白了一个道理：你如果要去做一件特别喜欢的事，你打算做一辈子，就要快乐地去做。能把这件事做到死，就很快乐了。

再见了，阿罗科

2003 年，李晓宇 28 岁了。在阿罗科潜心修炼多年，他已经掌握了炒咖啡的技术。而阿罗科经过发展壮大，已不再是四个人的小作坊，变成一家有部门划分的公司了。李晓宇亲自招进了一些中国员工，把他们带上咖啡之路，自己身兼阿罗科的生产部经理、市场部经理两个重要职务，不仅做技术，还要跑销售。

那一年，“非典”灾难席卷中国，首都更是人心惶惶，一些企业面临生存危机。

有一天，李晓宇像往常一样，要出去见客户。

Ron 却突然把他叫到走廊，说："小鱼（晓宇），最近生意不好，为了节省资金，我决定裁员，所有中国员工一个不留。当然了，你除外。"

听到这话，李晓宇很惊讶，"什么？那你让他们怎么办？这么艰难的时候，到哪去找工作？怎么维持生计呀？"

老外耸耸肩，轻描淡写地说："无所谓啊，那样的普通人遍地都是，等危机过去再招新的就行了。你不一样，你是真正懂技术的人。"

李晓宇当时就炸了！"你知不知道，我忍你好久了。你这就是种族歧视！我告诉你，这儿是中国，我是中国人，你是美国人。这些人都跟了你五年，最青春、最黄金的时间都交给你了，你说解雇就解雇了？我一个人的薪水相当于他们好几个人的，你把他们留下，我走！"

共事多年、感情深厚的两人爆发了最激烈的争吵，李晓宇坚决反对裁员，Ron 也不退让。最终，双方达成"君子协定"：李晓宇可以离开阿罗科。两年内不能公开炒咖啡，不得参与咖啡市场竞争。

就这样，李晓宇告别了"老师"，告别了见证青春年华的阿罗科，成为了一名独立的咖啡匠人，踏上了一条充满未知的道路。

咖啡匠人的曲折搬家史

两年之后，期限已过，李晓宇自立门户了。他要建立属于自己的咖啡基地。

起初是在孙河，朝阳区和顺义区的交界处。却不想刚安定下来就遇上拆迁，迫不得已，他只好搬走，没挣到一毛钱。

第二次，他选择了东五环的农村。附近十里八村的人听说来了一个炒咖啡的，大家轮流上门拜访。村干部来了，村里大爷大婶来了，村里的"二流子"们也来了。几个高大汉子一推门，问："你就是李晓宇？""对！""有咖啡吗？""有。""给我们来点咖啡喝。""进来。"李晓宇这人一点不吝啬，谁好奇就请谁尝尝自己的咖啡。可是一年下来，实在是疲于应对了。

怎么办？搬家！

这一回是真的搬回家里了！他把所有的设备、包装袋运回自己家的车库。整整两年，他就在车库里炒咖啡，不管酷暑寒冬，坚持磨练技术。没有钱买最先进的设备，那就自己造一个。他发动几个发小儿，大家一起“捡破烂儿”。用废弃的电线杆、路牌、被丢弃的废铜烂铁等等匪夷所思的东西，制造出了一台炒咖啡的机器。这台机器今天已成“古董”，默默地留在主人的身边，作为一段岁月的证明。

其实，做一个手艺人并不简单，把所有的时间纯粹地用来炒咖啡，这只是人们对匠人生活的一种想象。很多时候，手艺人要面对纷繁复杂的社会所带来的种种考验。

一个手艺人的日常

四年前，李晓宇的阿拉比卡咖啡（北京）有限公司在平谷正式安家。这里是他的出生地，山水俱佳，藏龙卧虎。赵各庄村 3 号，一扇朴实的大铁门后面，花木葱茏，别有洞天。阿拉比卡的有趣日常正每天上演。

虽说已经成了老板，但是李晓宇仍坚持亲自炒咖啡，始终不放弃手艺人的身份。为了不让室内气流影响咖啡豆的出品，焙炒时室内不准通风，更别说什么空调电扇了。李晓宇注重仪式感，不管多热，都要换上全套的工作服，这也源于他的“美国咖啡教育背景”。比起徒弟们，他唯一的特权就是可以边炒咖啡边听音乐。炉火跳舞，音符跃动，咖啡豆爆裂。

除了炒咖啡，李晓宇还有个小爱好——养动物。院子里生活着六七只流浪猫，它们是一个大家族。有这一家子天天巡逻，李晓宇根本不担心车间有耗子。喂猫时间到，猫呢？李晓宇房前屋后地找，却见大公猫正在鸽子房上待着，黄色的母猫找不见，原来是跟鸡在一块。母猫就在鸡的面前慵懒地卧着，猫不嫌鸡，鸡不怕猫，和谐得很。

李晓宇喜欢住在农村，享受这种随时能去地里剪下一绺韭菜的生活。偶尔有人请他进城，给土豪们讲讲咖啡。这时，他会忍不住化身“毒舌李晓宇”。喝咖啡的方法不对，这是他最不能忍受的事情。一不留神，有位“首富”正拿小勺舀出卡布奇诺的奶沫。李晓宇说：“喂，喝卡布奇诺就是要让奶沫挂在嘴上，变成你的小胡子。你舀出来干什么？”拿着小勺儿的“首富”说：“我在法国就这么喝呀！”“别管什么法国，那不对，听我的！”旁边的朋友悄悄提醒他，“晓宇，悠着点，他可是 XX 地区首富，咱别得罪了。”李晓宇才不管呢，“我这是友情培训，也不收钱。

管他什么首富，不对我就是要说！”

能把最爱的事做到老，就很快乐

从阿罗科的打工男孩，到自立门户创立公司，这二十余年，他始终是认真焙炒、不断探索的李晓宇。

现在的他，很清楚自己想要的生活是什么样，也有能力去经营和维护它。即使早已经在业内有了一定名气，每当别人问起他的身份，一个手艺人——始终是他的标准回答。每天早晨一睁眼，他想的第一件事是今天要骑哪辆摩托车，第二件事是发微信给工厂的小伙计们：到点儿了，点炉子，开机器！

从家到工厂，一共 12 公里的距离，李晓宇不喜欢开车，他喜欢骑着最心爱的摩托“突突突”奔驰在咖啡之路上。这份自由快乐的感觉，和 90 年代骑着自行车满北京送咖啡的时候相比，好像一样，又有些不一样。

今天，那家名叫阿罗科的咖啡工厂仍然存在，当年李晓宇招进的后辈员工们，还在用他们的热情把梦想炒出浓浓的咖啡香。李晓宇已经不再是当年的那个 coffee boy，经过二十余年的磨炼和坚持，他成为备受尊重的手艺人。他带领阿拉比卡的员工，用产品的高水准来证明手艺人的尊严。

对 话 李 晓 宇 Q&A

Q：现在咖啡从业者越来越多了吧？

A：多吗？我把靠咖啡养家的归为一类，靠咖啡吹牛的、摇头晃脑的归为另一类。你可能见到太多摇头晃脑的了。（笑）

Q：刚接触咖啡时，是怎样的状态？

A：那时的我就是一个纯粹的 coffee boy，熟悉北京的大街小巷，走街串巷去送货，一天基本绕北京一圈到两圈。有很多无厘头的时候，比如我刚从亚运村到大钟寺骑回来，正呼哧带喘的，结果老板说，还有二十分钟下班，你得再去一趟西单。那几天特别紧张，不是特别远的路线就是重复的路线。我刚从一个地方回来，紧接着又让我去一趟。“明天去行吗？”“不行！快去，像狗一样的速度去！”“想抽一根烟行吗？”“你再慢一秒钟马上消失！”那个美国人工作起来一着急，他真的骂人的。

Q：第一次动手去炒咖啡豆，是什么时候？

A：那是 1996 年，有一天，老板生病了，说不能来上班。而我们留言里的需求量已经积累到四十五公斤了。我想我早晚要学习，于是就自己打开机器，按照平时观察所得的记忆，按下第一个键、第二个键，按照配方，开始拿豆子炒。等我炒到第二锅的时候，差点儿没把我吓死，这哥们儿（美国人）出现在我身后正看着我。他说，你知道吗？你也没上过大学，也不会说英语，但是你会用这个机器，而且第一锅没炒糊，你比我厉害。如果派你去美国学，得花几千美金，现在我没花什么钱，你学会了。他给我写了一张纸，说明第几分钟用什么温度，啪，把纸给我，走了！回家养病去了！（大笑）

Q：有没有觉得很辛苦的时候？

A：后期工作室生意越来越好，客户的需求量变得非常大。我每天下午骑着自行车，肩上背着 25 公斤重的登山包，去送咖啡豆。我所有的衬衫肩膀处都是粉色的，因为磨出了血。等到了家，血和汗粘在一起，那衣服都脱不下来。后来我学聪明了，在衬衫里面穿一件 T 恤。

Q：什么时候真正学会做一杯咖啡？

A：1996 年下半年，当时北京有一条街，变成了酒吧街。有的店需要卡布奇诺，有的需要 Espresso。可是我们不会做，只会炒。Ron 说得

请一个人教我们，于是就把需求挂在外事服务局。从此我的幸福时光就开始了。只要有来中国的从事咖啡的外国人，就来我们这里作指导。一段时间之内，我能见到世界各地脾气古怪的咖啡师，我就像一个小学生一样，每天不停地吸收新知识。学会之后我的日程表又变了，变成上午炒咖啡，下午送咖啡，晚上教各个咖啡馆的人做卡布奇诺。所以我 96 年的时候就给很多人做过培训。

Q：有没有回想起来特别有成就感的事情？

A：那个时候，真的有太多不敢想象的奇迹。北美食品巨头当肯甜甜圈来中国了，他们需要的咖啡量特别大。这对当时的我们来说，是前所未有的机遇。当肯派来的代表是一个特别傲慢的犹太人，拿着一袋咖啡来了，轻蔑地把咖啡放在桌子上，说“两周以后我再来”，意思是在不知道他们的配方和烘焙方法的情况下，两周内我们必须做出一模一样的味道。我作为生产部经理的责任就是找出最好的配方，还要降低成本。过两周犹太人来了，尝了咖啡，很怀疑地说，“我怀疑你们有足够的时间去我们美国本土买这种咖啡，再装上你们的包装就行了。我要把这个寄到美国，让我们的专家来鉴定，一个星期后告诉你们结果。”一个星期之后，我们成为当肯甜甜圈中国区的咖啡供应商，那是在 1997 年。

Q：用什么方式钻研咖啡焙制工艺？

A：一开始我不知道要记自然日记，不知道不同的风、不同的温差、室内的横向气流都会影响咖啡的味道。后来知道了，开始认真做记录。讲一件很有面子的事儿。肯德基要和我们签订合同的时候，对方问，你们怎么管理平时的工作，有记录吗？于是我就用平板推车，推出整整两车的笔记，都是每一天炒咖啡时候的各个时间的温度、风向、什么味道。客户当时特别震撼，这么小的一个厂，就这么几个人，能积累两车的工作笔记，真是太震惊了。

Q：做行业交流有什么收获？

A：我拿着我们的咖啡，去意大利跟人交流，这才知道我们的咖啡在中国做得不错，拿到国际上还是有差距。你有你的个性和特色，但往往你的个性和特色就是你致命的缺点。欧洲人用那么廉价的东西，做到那么大的产量，做出来的咖啡还那么好喝。等我们改良了自己的产品，再回到意大利去，就相当有面子。意大利人说，看，这个中国人又来了，做出来的东西非常棒，用的成本比我们还低了三分之一。

Q:你觉得咖啡焙制的核心秘密是什么？

A：风。

Q：你认为咖啡是奢侈品吗？

A：我没有把我的咖啡卖得很贵，因为它就不应该很贵，毕竟是快消品。

Q：现阶段正在做什么？

A：我发现还有很多人对咖啡不是很明白。因为这个原因，我把我的工厂开放了。一个体验区免费喝咖啡，另一个区域就是车间。只有拥有足够的体验，才能有更多购买的理由。什么都不知道凭什么让人家买！

Q：江湖上流传你是"中国咖啡烘焙第一人"，怎么看待？

A：成为一个匠人，是指你入了这一行，这个行业它没有让你伤心。然后你能做下去，并且继续去探索，那你就很幸运能进入这个行当。曾经有人让我去做一些活动，硬给我扣了"中国咖啡烘焙第一人"的帽子。要记住，有经验的人永远在管理有技术的人，而有技术的人永远比有经验的人更受尊重。我们大家按照这个游戏规则来就可以了，不需要给有技术的人戴太多帽子。自己给自己戴帽子的人太多了。（笑）

如何品尝一杯咖啡

对于咖啡迷来说，一杯香醇的咖啡，除甘醇圆润的口感之外，其最吸引人之处，莫过于咖啡在冲泡过程中所飘出来的一扑略带神秘的诱人芳香。因此，所谓的品尝一杯咖啡，应该是自冲泡的一刻开始。

咖啡在不同的冲泡阶段会产生不同的香味。刚开始冲泡时，咖啡的香味就像生咖啡豆一般，极为生涩，接下来则会由生涩渐渐转为香醇。咖啡冲泡好之后，在正式品尝前应先闻其香，再观其色泽：唯有汤色清澈的咖啡，才能带给口腔清爽圆润的口感。最后是小口小口地品咖啡，此时，先不急于将咖啡喝下，应先暂时含在口中，让咖啡与唾液及空气稍微混合，同时感受咖啡在口腔里不同部位的感受，再轻轻让咖啡进入肠胃中。如此结合嗅觉、视觉、味觉的品位与鉴赏，才能真正体会出一杯好咖啡的精华所在。

咖啡最佳的饮用温度为 75 度到 80 度，所以要趁热喝。虽然一杯优质咖啡无论温度高低，在口感上的表现上应该是一致的，但是冷却后的咖啡在香味上会略为失色；一杯热咖啡经放置一小时后，所有的香味都荡然无存。而且，由于咖啡本质的不稳定性，容易在冷却后产生酸化，进而影响咖啡的风味，所以咖啡宜趁热喝。

另外，许多人认为唯有饮用“黑咖啡”，才算真正的会喝咖啡。其实只有评鉴咖啡豆的等级时，才需要喝不加糖及奶的“黑咖啡”，一般人喝咖啡应视个人的喜好和其它食品结合。添加其它食品，有时可弥补咖啡的缺陷。例如加入磨碎的柠檬或柳橙皮可增加咖啡的刺激性，加奶能去除涩味，加糖将减低苦味。不过，若是一杯优质的单品咖啡，最好以黑咖啡的方式品尝，如此方能享受咖啡中原有的甘、酸、苦三味的均衡口味。

咖啡豆的购买与保存

想自己冲泡一杯香醇的咖啡，除了冲泡技巧和经验外，最重要的就是选购品质良好的咖啡豆。
在选购咖啡豆时，首先要辨别咖啡贩卖店的好坏，店的规模决定咖啡豆的销量，也就决定了您是否能买到新鲜的咖啡豆。店面是否干净整洁，豆子是否被妥善放置，都很重要。
其次，从咖啡豆的外观分辨。大小是否均匀一致，是否有瑕疵豆，色泽是否均匀，有无色斑，表面是否有烘焙所产生的油脂。然后，用鼻子闻香味是否浓郁，最后用口试其口感是否清脆。这样您就能买到好的咖啡原料以制作出一杯香浓的咖啡。一次所购买的咖啡豆不宜太多，以 7-10 天用完为宜，并存放在不受阳光照射，且温度湿度低的地方。

唐

咖啡创意师

29岁 双鱼座
咖啡实验狂人
曾在世界级咖啡大赛
获得全国冠军

职业看法

咖啡师只是一个想做好咖啡的人。

喝咖啡的习惯

之前为了热爱和比赛喝坏了身体，目前尽量不喝咖啡，除非各种咖啡杯测时。

口头语是

这是我的灵感1，灵感2，灵感3，这都是我脑海中的闪电。

信奉的哲学

这世间，把事情做到极其纯粹，才是最难的。

喝咖啡的小建议

我希望你喝咖啡的时候，只想这一刻的气味。忘掉下一刻你要做什么。它是唯一的真实。

咖啡异想师的逆袭

Chapter 01

木小偶 _ 文

胡海峰 _ 摄

藏在咖啡馆的思想者

唐，双鱼座咖啡师。瘦高个。身体不大好。每次见我们时候，总是一副病恹恹的样子。

用他的话，除了忙生病，都在忙咖啡。这俩，都是正业。

唐在北京有两家自己的咖啡馆还有一间规模不小的的烘焙工坊，第一次见他，他正在琢磨如何用“建盏”喝咖啡，听起来有点新鲜。

在一块原木茶盘里，放上咖啡杯、玻璃杯，和一枚格格不入的建盏。容器林立。新奇又怪异。

按唐的理论，通常人们都是先“看见”咖啡，再“闻到”咖啡，最后才会“喝到”咖啡。这是一个习以为常的反射次序，但也束缚了你对一杯咖啡的“原初感知”。

人们总是习以为常用 一种“心理容器”的在喝着习以为常的“咖啡”。唐认为，容器不同，味觉也会差异。在建盏的底色下，咖啡变得淡了，浅浅一弯。抿一口，确实味道不同。唐觉得，这是因建盏含有铁离子，可软化水质，让咖啡喝起来更软。虽说这个理论，有人未必同意，但还是很多顾客愿意花钱来这里买一口新鲜的体验。

唐开的这家咖啡馆一半门脸是绿植店，一半是极简主义的座椅，还有一个大花园。

九点开门，七点就打烊。从不推迟关门。

店内挨挨挤挤摆满各色植物和盆栽，有的桌子甚至在绿植包围里，唐时常就躲在绿植堆里，思考自己的事情，他是一名“咖啡馆思考者”。

唐的话很少，但一说起咖啡就滔滔不绝，像变了个人。唐脑洞极大，有时和他聊天的感觉，就像在美术馆里看印象派绘画的感觉，充满超现实。你接不住他的茬。

唐说研制过一种“咖啡香水”，这种香水带有自然花香和咖啡混合的气息，它既是咖啡，又是香水。可以随身携带，遇到食物，偷偷给它喷上一些，这实质上是“给食物喷的香水”。你脑海里，食物宛如婀娜淑女，搔首弄姿，借用香水芬芳的“场”来吸引人，你觉得食物需要“为悦己者容”？

“假如万一我忍不住，把香水当咖啡喝了怎么办？”

“这是在咖啡里直接加入芳香精油吗？”

“这种香水保质期多久？需要冷藏吗？”

“给食物喷香水，那和佐料有啥区别？”

唐的主意一定会让好奇者问个不停，唐对这些问题一律不答复，无可奉告。他有个习惯，把天马行空的想法记录下来。最后把灵感的草图延展开来。他的口头语是“这是我的灵感 1，灵感 2，灵感 3，这都是我脑海的闪电”，灵感过于天马行空，但唐这些年主要做的事情是“把香气捕捉到咖啡”。这还算认真在做的一件事。唐对我说。

异想装置：把芳香“吹入”咖啡

唐不喜欢直接把液态精油或者添加剂加到咖啡里去，因为那样会破坏咖啡的分子结构。唐发现可以用一种“气体发射装置”把气味“收集”到咖啡里，咖啡本体就会带有自然的香气。现在问题的是如何设计这种实验装置。唐利用过一定压力的喷水壶，把食材装到壶内加压，释放香气与咖啡融合，这种喷壶可以按设计原理进行接下来的步骤。唐又想到用医院的针筒，采用针筒对着水注射气体，来观察香气是否可以溶于水，唐对我说，这样总结优缺点来设计最终的装置，以到咖啡师对咖啡芳香近乎严苛的要求。

为了源源不断地收集香气，唐在设计的过

程中失败了几次，最后锁定中国人最常用的设备：电吹风，一方面可以提供风源，一方面可以提供微弱的热能，但是热能过高也不行，所以也需要改装，各种型号和风型。把电吹风外壳拆开，改造内部的加热丝。发热丝长了不行，短了也不行。必须在一个精确的长度，改装完就有了一筐坏的电吹风，最后嵌入一个木制的盒子，这样可以源源不断提供“微热风”，热风通过食材沾染食材香气，再经由一根导管进入咖啡内部，气息由咖啡内部“熏染”咖啡，最后，才可以诞生一杯带有芳香气味的咖啡。这样香味和咖啡才会生长在一起。

确切说，唐想发明一台可以做出芳香咖啡的“实验艺术装置”，这是他脑海里的“永动机”。

他不停改造各种细节，像实验室的科学怪人，很多人觉得这个想法比较疯狂。一种气味和一种气味本就是不匹配的，就像两个个性不同的人组合在一起，风味和风味，味觉和味觉之间的搭配，有着近乎唯一的数学比例，就像黄金分割点，需要你去找到那个好玩的点。那个点，或许，全宇宙只有一个。唐还是要努力找到那个黄金分割点。

如果唐不介绍自己，你只是听我和你掰扯这些段子，唐是不是很像咖啡界的“民科”（民间科学家）？他每个理论，都有着“实践检验”基础，但每个理论都是即兴脑海诞生，也许明天就被自己实验推翻。他也不管你怎么反驳他，用科学、营养学的研究或案例，他都义无反顾去尝试，他确信可以把气味“捕捉”到咖啡里去。他不停设计装备“吹了”十年。

唐带着自己不同的实验装置，参加了七次世界级咖啡大赛，在综合成绩，获得一次全国第一，一次全国第二，一次第三。（详细获奖记录，补充）在咖啡师的综合能力里，唐无疑是非常出色的。然而……一些人欣赏唐的创意，另一些却觉得太过怪力乱神。

唐说，每个行业都需要想象力，这样可以更好地促进这个行业的发展。

咖啡师，一个想做出好咖啡的人，不断地学习创新总结过后，自己安安

静静冲泡出一杯好的咖啡。

这世间，把事情做到极其纯粹，才是最难的。

从私人保镖到咖啡师

18岁的唐，梦想是成为一名特种兵。从小就习武的他，是一名轻量级的散打选手，在市比赛里，唐获得过一场比赛的冠军，唐对未来的设定很明确，靠身手吃饭。18岁的他，身体精瘦，速度很快。在他的生活里，没有足够位置安放一杯咖啡。连速溶咖啡都不喝。

那你又是怎么成为一名咖啡师的呢？

这个问题被人问过无数次。在生活的延长线上，唐终究没有成为军人。一次偶尔的腰伤，让他慢慢远离最初的梦想。对一个散打竞赛选手，哪怕休息半个月，爆发力都会下降很多，但是想恢复又非常难。现在，对生活期待就不是特种兵的问题，唐把那些要求降了又降，他希望可以用多年身手经验换一份稳定的工作。

在朋友的介绍下，唐被推荐给苏州一位咖啡品牌老板做“保镖”。说是保镖，其实什么都干。也可以说是打手。

虽然年龄很小，打架次数越多，思考的也就越多。我在干嘛，这是我喜欢的生活？

在很多好朋友的建议下，他觉得自己需要找一份可以学到东西的工作。

在一个很好的大哥举荐下，老板把唐转成了这个咖啡品牌一名普通的吧员。唐说他是人生的贵人。这个无意的善举，拯救了一位潜伏多年的咖啡师。

一切从零开始，做一名咖啡吧员。干的事情都是一条龙的服务。擦桌子、洗盘子、洗杯子、擦地，每天洗东西可以洗到鞋里都是水，但是每天都能学到新鲜的知识会很充实。与师兄弟切磋也是非常开心，现在回想学习的生活并没有所谓的辛苦，反而很满足，那时候学会的更多是做好眼前事。

唐的父母过的生活，和大量面目模糊中国人几乎无法辨识，但唐想过自己的生活。属于自己的。

他那个时候的理解或许是，在相同的日子里，学习不同的知识。

唐就这样让自己放空下来，他向咖啡馆一切有技术和有学问的人虚心学习，他学会让自己用本能好奇去克服技能性冲动。

咖啡师只是一个想做好咖啡的人。他能获得一切机缘，无非都是通过一杯好的咖啡聚合的。你越简单看待这个事，你就越没有负担。你把生命每个瞬间切分，最后每个时段只能填充一杯咖啡。

散打和咖啡也是相通的，散打是冷静洞察对手，咖啡师是找到一种对食材的洞察力，都是和思考高度相关的工种。

比如通常咖啡师都是从咖啡入手说自己的知识体系，唐喜欢从“食材”说起。他觉得厨师和咖啡师实质上是高度相通的，可以从食物的材质延伸出咖啡的搭配乃至食物相生相克的道理，唐的脑子驳杂，不按常规出牌，实际上也是因为自己路子很杂。唐内心里发愿，无论生活多么平庸，也要努力让一切细节都与众不同。自然，后面才有了获奖的咖啡师，有了现在的唐。

所有励志故事都是起承转合、峰回路转。实际上，他是一名误入咖啡歧途的咖啡师。他之所以做了这些，是因为他那时只能做这个。一分不多，一分不少。你在每个人生拐角处，实际上是看不到前方的。你唯有静默以待，也许只是一杯咖啡的时间，你或者便能想通很多。

“我知道我的灵感可以漫过咖啡杯，偏布宇宙。我希望你喝咖啡的时候，只想这一刻的气味。忘掉下一刻你要做什么。它是唯一的真实。”唐搅动了咖啡勺，对我说。

李颀峰

Coffee Craft 联合创始人

80 后 水瓶座

曾经的理工男 今天的咖啡师

结合咖啡 空间 艺术 带给人们全新的感受

喜欢在一天里的哪个时间喝咖啡？为什么？

一早然后一天，起床就想喝，然后全天当水喝。

用一句话形容冲泡咖啡时的感受？

融入生活的节奏感，自由跳跃又沉静。

咖啡“喝嗨了”的感觉是什么？

停不下来地分享咖啡生活。

带一种咖啡豆去环游世界，选哪种 ？

哥伦比亚。

说起咖啡，你脑海中最先想到哪个人？

老唐。

如果有“咖啡时光机”，带你回到某一次喝咖啡的瞬间，你希望是什么时候、在哪？

莎翁的四年任意时光。

就是想开咖啡馆 别问我为什么

孙琪 _ 文

2017 年 5 月 7 日上午 10 点，位于海淀区西直门商圈的 Coffee Craft 热闹得有点反常。这里每逢周日都要办一次“轱辘杯测”，今天就是周日，老客新客都来了。

热情的客人们围成一圈，中间站着一位身穿黑色 T 恤的型男，他眨着睫毛浓密的眼，愉快地说：“欢迎来到 Coffee Craft，我是板板。生活就像是一个循环、一个圈子、一个永不停止转动的轱辘。我们借此意，带你走进咖啡生活，欢迎你来西直门喝一杯好咖啡！ CC 第 29 期轱辘杯测，现在开始！”

这人叫李颀峰，绰号板板，今年 31 岁。五年前还在为国家军事工业的发展奉献青春，现在一门心思做自己的咖啡馆。像今天这样，在自己的场子，用不同的豆子，请来四面八方的客人，聊一聊咖啡，是他最爱做的事。

如果你实在忍不住，上前赞叹一句：“板板啊，看来你真懂咖啡，你是大师！”这时，他会回过头，一脸认真地跟你说：“我不认为自己是专业的咖啡从业者，我是从生活的角度看待咖啡的，我就是一爱好者。”

前途未卜又如何，就是要自由

这世上有一种悲催，叫做“我找不到工作”。不过还好，这事儿最起码是个人都会给予同情。

还有一种悲催，却很可能连同情的人都没几个，没准儿说出来还会被误解为不识好歹，叫做“我被父母安排了工作，可我却不想做”。

千万别笑。这个问题不是发生在某个人身上，而是发生在一群人、甚至一代人的身上。对此，他有绝对的发言权。

1986年，北京城西，一个理工科家庭里，有个男孩出生了。这孩子后来的轨迹，跟他那些军工大院一起长大的小伙伴们没什么太大的差别。小学到高中一直是“三好学生”，到了报考大学、决定人生方向的时候，家里长辈也帮他选好了——按照家族传统“子承父业、代代传承、学好理工、再做军工”。毕业后顺利进入航天系统，具体做什么不清楚，外人只能打听到三个字——做导弹。

军事工业，涉及国家利益，每一个零件都马虎不得，精准、服从是这里的要求，创意和自由却不被需要。年轻的李颀峰在这里一待三年，从技术岗升到管理岗，随着时间推移，他却越发苦闷，心里有个声音在说：从小到大，我都在努力满足别人的期待，连职业也不是自己选的。我想改变，我想摆脱束缚，干自己真正想干的事儿！

自己做主的念头在心里萌生，带着隐秘的、朝向自由的快乐，李颀峰辞掉了“铁饭碗”。家里得知此事很是生气，没人和他说一句话，冷暴力威胁之。他也索性豁出去，什么都不管。做些自己喜欢的事情和找个属于自己的空间玩儿起来，成为了他的追求。

一天，他走进楼下的咖啡馆，在这里，遇见了一位神秘人物——咖啡实验狂人老唐。此人又瘦又高，脑洞奇大，带着一丝双鱼座特有的浪漫主义，偶然间跟他讲起各种奇妙的咖啡实验，怎么用各种奇奇怪怪的器皿，做成不同的创意咖啡。李颀峰听得很起劲儿，他第一次知道：原来咖啡不一定就是苦的，咖啡有许多可变的因素，还有很多可探索的空间。他仿佛被梦想击中，一头扎进这个奇妙的咖啡世界，再也不回头了。

2012年12月，在海淀区玉渊潭南路，出现了一家私家店——莎翁咖啡馆。这正是李颀峰的店。咖啡馆坐落于翠微东里的居民小区内，比较隐蔽，是故意为之。没有客人的时候，他就默默地在吧台练习。为了做出一杯高水准的卡布奇诺，牛奶一箱箱地倒，累计消耗一卡车的量，豆子一天几袋地用，完全不惜成本。他和老唐亦师亦友，老唐是“实验派”，喜欢鼓捣器皿和机器，而板板是“成果派”，也爱瞎折腾，过程不多说，直接把成果摆在客人面前。

他研发了一款冰奶咖啡，名叫“琥珀”AMBER。用了三款中美洲的豆子，搭配在一起做Espresso，然后加入冰牛奶，色泽美丽晶莹，入口还带着一点冰淇淋的Q感。

他用新西兰的麦卢卡蜂蜜，做出麦卢卡布。在合适的温度和配比之下，与咖啡融合。它保有蜂蜜的香甜，却基本不会加重身体的负担。

做拿铁也和别人不一样。在美国的体验让李颀峰认为，早餐应该喝热的东西，烫一点的拿铁更接地气。咖啡豆用巴西配哥伦比亚，低酸度保留更多巧克力、榛果、奶油的风味，奶温打得烫一点，喝起来虽然微微有一点分层，但更适合早餐的享受。

他还创造了一种新的搭配：咖啡配大虾酥。李颀峰是北京孩子，大虾酥是小时候在奶奶家、姥姥家最常吃到的糖果，代表了一代北京人的

童年记忆。其中的焦糖、花生酱能够把咖啡的巧克力味很好地带出来，同时也是希望咖啡这种舶来的饮品能够在这种搭配中更加本地化、生活化、接地气。

李颀峰很高兴，每天做咖啡、研究与咖啡有关的事，就是他想要的生活。

一趟咖啡旅行，遇见真正的匠人

摆脱过去，重新选择，并不容易。也许你以为，李颀峰此时就算成功了，自由了，以后的生活里只有快乐。那你错了。

咖啡店开了快一年了。一个早晨，像平常那样，他早早起床，做咖啡、练习。他又用掉了一盒牛奶，于是把手伸进纸箱，想再拿盒新的，什么也没摸到。他抬眼一看，愣住了，纸

箱里空荡荡的，牛奶都用完了。他的心也空荡荡的，不知道一年怎么就过去了。

当他终于做了印象中那个“喜欢的事”，然后日子一天天重复起来，原本的热情消磨殆尽，盈利的压力涌上心头，心态也开始浮躁起来，不知道未来方向在哪。李颀峰决定，到外面去看看，看看那些真正的咖啡高人，以什么状态度过每一天。

日本是个神奇的地方，那里有很多百年老店屹立不倒，很多咖啡匠人一生热情不减。他们是怎么做到的呢？于是，带着疑问，李颀峰开启了一段咖啡之旅，并用游记的形式记下了此行的感悟：

第一站，大阪，Ze—roku，1913 年开业

“咖啡醇香、浓郁，当把牛奶倒入咖啡中时，神奇的一幕发生了，牛奶先是径直沉入咖啡杯底部，然后像花朵盛开一样迅速在咖啡液中翻滚、绽放，看着牛奶和咖啡就这样渐渐融合在一起，每一个角落都由深棕色慢慢幻化成浅棕色。这个时刻，是如此美丽。加入牛奶的咖啡温润而香甜，就像这家小小的店铺，任何一张剪报、任何一件陈设都是历史，分不清时间的界限。”

第二站，奈良，cherry's spoon，2007 年开业

“整个店内的布局非常传统，就像普通的日式茶屋，低矮的桌椅，柔软的地板，干净的门窗，这町屋还有一个小小的庭院，树影斑驳。忍不住坐到吧台和店主聊天，店主非常年轻，坦言自己开店时间很短，才7年。这期间曾跟很多人学习咖啡技艺，热爱咖啡，喜欢开店，也享受在奈良这个城市简单的生活。我很欣赏店家谦和、踏实的态度，庆幸在这样一个下午，能有这样一段时间相识。”

第三站，京都，小川咖啡，1952年成立

“在京都，我选了一家商业咖啡馆去体验。Ogawa Coffee在京都地铁入口处的店，咖啡师是一水儿的漂亮姑娘。源源不断地有顾客来这里询问和购买当日烘焙的咖啡豆。想了解一个国家的人对咖啡的需求，你就应该在商业咖啡店坐一会儿。把优质的咖啡用便捷、快速、时尚的方式送进人们的生活，是一种不可或缺的力量。”

第四站，东京，琥珀咖啡，1948年开业

“选好豆子，店主熟练地为我们冲咖啡，整个过程简练、干脆、迅速。称量咖啡豆的秤是个古董，表面散发着温润的光泽。他家特色的鹤嘴壶看起来笨重，可在他们的手中显得非常轻盈，就像身体的一部分，

注水时极其平稳。整个冲煮咖啡的过程，带着某种固执的坚持，这是在其他地方看不到的手艺。

在这里，时间赋予它历久弥新的价值。和店主聊天才知道，这家店的创始人关口一郎先生已经快 100 岁了，老爷子现在还亲自来店里烘焙咖啡豆，一周一到两次。

在这样的店里，我们都太稚嫩，能学到的不仅仅是如何做一杯好咖啡，还有真正的执着和坚持。如果我做我喜欢的事情，十年、二十年、五十年，到一百岁的时候，也会像琥珀的创始人那样吗？平静地享受一切所谓的荣誉和称赞，然后依旧每天早早地开店门，一炉一炉地烘焙咖啡豆，直到我们喝到一杯不那么简单的咖啡。”

日本之行，获益良多。回国后，李颀峰带着对咖啡的全新理解，安静地继续着他的事业。四年后，他关掉曾经改变了他的生活的莎翁，在高粱桥斜街新开了 400 平米的咖啡空间——Coffee Craft。回忆“莎翁时光”，他说：“就好像花了四年时间，为自己写了一本书。”

（部分图片由受访者李颀峰提供）

对 话 李 颀 峰 Q&A

从生活出发，
让咖啡属于每一个人

5月7日中午，杯测活动结束，兴致不减的客人们并不急着离去，各自找到舒服的座位品咖啡去了。李颀峰被人拽到角落，开始了一场单刀直入的采访。

Q：创业的感觉怎么样？

A：创个业真是很累！有很多阻力。经常有人跑来问我，“你投了多少钱，几年回本，你的经营策略是什么？”其实我一开始就没什么策略，就是想开一个咖啡馆，别问我为什么。我就想要我自己的生活，你管得着吗？我觉得在做事情的过程中，把每一件事做好、做踏实了，挣钱就是水到渠成，没必要想那么多。

Q：你心里的行业标杆是哪一家咖啡店或公司？

A：我想做成 Blue Bottle 之类美国精品店那个感觉，但又不一样。因为两个地方的文化基础有所不同。在西雅图精品咖啡展，有个朋友说，蓝瓶子是基于有很强的推特，在硅谷发家。美国同行对蓝瓶子的定义是，它是一家互联网创业公司。所以国内外环境不一样，做出来的店也不会一样。

Q：辞掉工作，转做咖啡，你对自己有什么要求和期许？

A：我和我的一帮小伙伴儿，从小儿长在北京城西。父母的单位基本都是机关、部队、学校等等。我们这一代北京土著的孩子，基本上没有什么压力，可能唯一的压力就是要摆脱父母那一辈给我们带来的束缚，做点属于我们自己的事情。所谓成不成功，就是要落实到自己认不认可。就金钱、规模来看，我也没做出什么东西。不过，通过做咖啡有了自己的圈子，有了想要发展的方向。可能这一辈子，对于我来说，就够了。现在的这间 CC 就算是我的一个总店，接下来有能力还是要往下开，但是开成什么样，要继续摸索。

Q：在你看来，一杯好咖啡要达到什么标准？

A：我认为好咖啡要“接地气，够国际”。什么是“接地气”，就是少考虑风味、出品方式、用什么机器，单纯地去享受咖啡的滋味，能通过咖啡结识到更有趣的朋友，进入一个新的天地，把这些新的收获融入到生活里去。“够国际”就是要时尚，可以和当代艺术结合，满足人们内心对美的渴求。

Q：作为咖啡从业者，你觉得有没有必要去教育消费者怎么喝更高端？

A：我们把咖啡送到你的面前，如果你觉得不用加糖加奶，就很好喝，可以。我们不去强迫消费者，如果你喝了一杯瑰夏或者肯尼亚，还是觉得苦，那你加奶加糖我们也是欢迎的。每个人有每个人的特点，这东西是无所谓的。我去国外交流咖啡

的时候发现，如果客人平时习惯了，就是要加奶加糖。咖啡师也觉得，你随意呀，因为那是你的饮品。如果一定要强调“我们要传播精品咖啡理念，必须多少多少分钟喝完”，我觉得没必要。我点的煎饼果子，我愿意加老干妈，加番茄酱，甚至加奶酪，那是我的事。消费者，你可以去引导他，但是不要试图去教育他、要求他。

Q：Coffee Craft 与艺术结合得很紧密，你认为喝咖啡是很艺术、很有范儿的一件事吗？

A：不是的，我认为喝咖啡这事儿简简单单，很有趣。虽然我的新店换成了一种工业金属风的装修风格，做艺术展，做空间活动，但我还是不想走高傲的路线。有人问，你们做这些东西，你们懂吗，你们喜欢吗？没错，我就是喜欢。这个店的三个关键词：咖啡、艺术、空间，这是基于我自身喜好所做的一个拓展，所以我们也想把这些东西简单、有趣地传递给消费者。

Q：除了咖啡，还有什么爱好？

A：咖啡，是工作也是生活。但我的生活里不是百分之百都是咖啡。我有很多不同的圈子，自行车、滑板、滑雪、汽车改装车什么的我都喜欢。

Q：你怎么定位自己，是一个专业的咖啡业内人士吗？

A：我是一个喝咖啡的，但我也做咖啡。我不是完全专业化、标准化的。“从生活出发”，这是我的咖啡理念。应该是你觉得一款咖啡好喝，然后你把它介绍给消费者。而不是因为用的豆子贵，或者我用了什么不得了的机器做的，那个没有意义。就像我们玩赛车一样，跟我一样开赛车的，有的人可能开一辆法拉利，或者 GTR 那种跑车，我可能就开一辆十万块钱的、改装过的小车。我在同一个赛道上跟他们玩的时候，只要我体验到乐趣了，大家对彼此付出的热情有一个认可就行，没有什么贵贱。所以，一半的专业技术，一半的生活态度，这是我所看重的。一只脚踏在咖啡圈里，一只脚踏在圈外。

在这个星球上，每天都有人顿悟，开始明白自己来这世上一趟，为了寻找什么；每天也有人陷入痛苦，尽管他们历尽艰难，理想依然遥不可及。李颀峰是勇敢的，挣脱束缚，活出自我，选择了适合自己的生活方式。

进入航天系统，是很多理工科高材生的奋斗目标，他有放下的勇气，从不觉得可惜。熟悉的人们不断发出不解、质问的声音，他顶住内心的压力，不去理睬，亲手创立了全新的生活。新鲜感渐渐消失，迷茫随之而来，不断反思，并迈开脚步去寻找答案。他借做咖啡这件事，实现了自身的成长，进入了全新的人生阶段。

李颀峰带你找到最爱的咖啡馆

当你在一家咖啡馆生活五年以后你就会知道，对于好的咖啡馆，咖啡是重要但非必要条件，除了掌握专业的咖啡知识技能以外，一个活的空间，才是咖啡馆的灵魂。

能够让拥有不同背景、带着神秘故事、掌握独特技能的每一个人在这个空间里相识，交换各自的精神财富，滋养全新的交叉领域，莎翁做到了，现在的 Coffee Craft 做得更好！

当下你从精品咖啡的入口进入咖啡的世界，慢慢地感受这个简单却又有故事的饮品，每一杯咖啡每一个咖啡馆都蕴含了很多不同人的生活经历。

日本的琥珀咖啡馆，百岁老人烘豆一生，看到一份专注的简单。美国的反文化咖啡，20 年行业贡献却没有开一家自己的咖啡馆，只关注咖啡种植贸易和行业培训。星巴克西雅图，完美的商业体和本地精品小咖啡馆的融合体验，不分类不矫情更好地做到为顾客体验服务。从几个不同的角度来看待咖啡行业。

慢慢地你会不在乎这些常喝的咖啡豆是否更美味，也不在乎咖啡豆烘焙和萃取是否像现在流行的标准那样完美，当全世界的人们正在不断寻找新意、探索当下的时候，咖啡，它带我们放慢脚步，安静心灵，仿佛回到过去。去探寻那些习惯、传统、历史，始于咖啡，源于生活的出发点去看待我们的人生经历，这才是咖啡带给我们最有意思的生活体验。

COFFEE CRAFT
-ART-

COFFEE CRAFT
- CAFE -
PREMIUM QUALITY
EST 2016
COFFEE CRAFT
SPECIALTY COFFEE
在西直门喝一杯好咖啡
COFFEE C
-SPAC

游免弘树

咖啡拉花大师

2007 年作为兼职店员进入小川咖啡，开始修习咖啡师技能。2013 年入社成为正式员工。
SCAJ2014 年日本拉花大赛第七名，SCAJ2017 年日本拉花大赛第五名。
在该公司主办体验型拉花培训，并在咖啡萃取教室等担任讲师。

偏爱哪种咖啡？
意式。

咖啡带给你的变化？
如果没有成为咖啡师，我可能是比较阴郁的性格。
是咖啡让我更加开朗，更爱交朋友了。

如果人可以变成咖啡豆，你希望自己是哪一种？
带有明快酸味的、好的咖啡豆。

你的生活态度？
喜欢热闹的生活。
因为我平时比较喜欢运动，也喜欢和朋友出去玩。

如果没有咖啡，我将不会是现在的我

孙琪_文
倪良_摄

2007年，23岁的游免弘树并没有认真考虑是否要成为一名咖啡师。因为爱喝咖啡，也喜欢咖啡店的氛围，他怀着一种懵懂的心态进入小川咖啡做兼职。10年的时间，在公司前辈的悉心栽培之下，以及凭借个人的天赋和努力，他从一个单纯地喜欢咖啡的懵懂青年成长为优秀的咖啡师，并在咖啡赛事当中取得不俗的成绩。因为咖啡，他不但拥有了一份事业，也获得了自己的爱情，太太游免直子也是国际知名的咖啡师，曾于2011年、2012年连续两届获得日本拉花大赛第一名。夫妻两人在工作和生活中践行着属于他们的咖啡哲学。

比起靠咖啡来炫技的人，他的态度是真挚、诚恳的，谈话中几次说起“服务”这个词语，他把自己看做咖啡世界的一员，想要做好工作、进而推动整个行业的进步。2017年8月，游免弘树接受公司委派来北京出差，在短短的六天里，他要完成咖啡交流、培训以及在北京国际图书博览会的现场演示，并且把小川咖啡的理念传达给人们，这将是不小的挑战。谈及此，他害羞地说：“这是我第一次来到中国。”

Q: 当初是怎么进入咖啡行业的？

那个时候我才23岁，一开始并没有要成为咖啡师的职业目标，只是单纯地想要在咖啡店里面工作。25岁的那一年，我在现在工作的小川咖啡总店第一次真正学到了用专业咖啡器具制作咖啡的方法，一下子无可救药地爱上了那个味道，发现好像做一名咖啡师也是蛮有乐趣的，这才决定成为真正的咖啡师。

Q: 当时对这个行业有着怎样的期待呢？

当时在我的心里有一个模糊的梦想，就是拥有一家自己的咖啡店，但却不知道咖啡店里面都有什么样的具体工作。我想要体验一下工作环境，所以才进入咖啡店学习。

Q：喜欢什么样的咖啡豆？

入口带有酸甜香气和果香的豆子，大多数这种类型的豆子都是轻度烘焙。

Q：身为一名咖啡师，如何度过一天？

如果当天是上早班的话，我会提早半个小时到店里为当天的工作做好准备。第一件事情是整理自己的工作空间，要先试一下今天的豆子的状况和做出来的意式浓缩的味道，在这个基础上再进行微调，争取为客人准备一杯最好的咖啡。

Q：下班回家还喝咖啡吗？

咖啡已经成为我不可或缺的一部分。可能有的人会认为工作和私人生活之间要分得很清楚，不过我下班了之后也会继续想关于咖啡的事情，自己为自己做一杯咖啡。

Q：谈谈拉花大赛吧。

最开始参加拉花大赛的时候，会反复思考如何在规定时间内做出更有创意的设计。在准备中也受到了小川咖啡团队的大力支持，同事给了很多意见，整个过程是很难忘的。我记得比赛的时间正好是圣诞节之后没多久，所有人都沉浸在节日的气氛当中，只有我还要想着比赛的事情，想想那阵子的心情，真是好讨厌呀！

Q：最喜欢的一款拉花图案？

是一款山茶花的图案。一方面是喜欢自己做的图案设计，另一方面，遇到的困难以及克服困难的历程让我很难忘。最终看到自己的想法变成现实，那个时刻真的很感动，至今还历历在目。

Q：最想获得怎样的认可？

比起某种口头上的认可，反而是这位客人来了之后还会愿意再来，是我所希望的。除了一杯美味的咖啡，还有一个加分点，就是能留在客人记忆里的一个空间跟时间，这是我最希望达到的目标。我想要给客人一种感觉，啊，我来到小川咖啡实在太好了！

Q：喜欢自斟自饮还是与朋友们一起分享咖啡？

印象中还是跟朋友一起度过的时光比较愉快，哈哈。在家里也会和太太一起泡咖啡，也会自己为自己泡一杯想喝的咖啡，也喜欢和朋友一起出去在咖啡店喝咖啡。

Q：太太直子也是咖啡师，两个人对咖啡的喜好一致吗？

因为我的太太她也是小川咖啡的咖啡师，所以我们两人总体的兴趣走向是相似的。哈哈，反正没有为了咖啡这件事吵过架。互相问对方，你要喝咖啡吗？对方说，OK，好啊。彼此很和

气的。

Q：修习之路上，有没有哪位老师给了你很大的启发？

教过我的老师有很多，比我早进店的前辈咖啡师们都给了我很多指点和帮助。其中公司的一位董事宇田吉范先生，他不但是一位出色的咖啡买手，也是一位咖啡师培训师。他很严厉，会对一杯咖啡的味道追求极致，保持着一种严肃认真的态度。宇田董事说我们的目标不应该仅仅是提升小川咖啡的品质，而是让整个世界的咖啡都更好喝、往更好的方向走。我当时听到这句话，真的非常震惊，我的"咖啡世界观"变得更加广阔了。为整个世界的咖啡产业的前进贡献自己的力量，成了我的新目标，我也变得更有动力去为工作充电、加油了。这次来中国交流咖啡，也算是实现了一部分目标吧。

Q：2013 年成为正式社员之后，工作的方式和心态发生了哪些变化？

我觉得，最大的变化是责任感更强了。不但要想怎么做好咖啡，还要做好培训，把小川咖啡的理念普及到海外。为了能更好地完成这些，我必须要多加练习，不断使自己精进。

Q：做咖啡师之后，看待世界的眼光有变化吗？

从事这份工作之后，我对他人比以前更为关心。毕竟这是一个服务行业，比起以前我会更用脑子去想，我应该怎么做，对方在想什么。如果没有当咖啡师的话，我想我的性格可能会比较黑暗、扭曲，以前很害羞，不太喜欢和人交流，也从没有想过像今天这样走出国门和外国人交流。自从做了咖啡师之后，我变得更喜欢和人交朋友、更爱交谈了。

Q：如果你面前有一位新人咖啡师，你会对他说什么？

咖啡师，至少在日本是不需要资格证书的行业，只要你做咖啡，都可以自称为咖啡师。但是我们要面对的是客人，你要通过咖啡这个媒介，为客人提供一个有价值、有意义的空间。除了要确保自己提供的服务是优质的，还要兼顾到与客人的交流。

世界级咖啡师来教你在家也能喝上美味的手冲咖啡

>

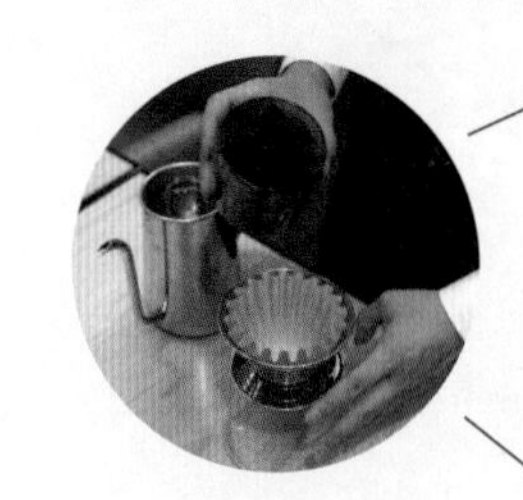

学习之前，
让我们来准备道具吧！

需要滴漏杯一个、
咖啡壶一个、滤纸、
细嘴水壶一个
和适量的咖啡粉。

>

>

>

[Step1]
工具们准备就绪啦

首先，你要一上一下放置好滴漏杯和咖啡壶，装好滤纸，然后倒入准备好的咖啡粉。

[Step2]
咖啡粉要平整均匀

这里有一个加分动作。为了能够冲得均匀，你可以适当转动滴漏杯，让咖啡粉表面均匀。这可不只是为了美观，而是为了让咖啡粉能得到充分浸润。

[Step3]
咖啡粉，蒸一下

将细嘴壶里的热水缓慢地倒在咖啡粉上，水温在 90 度左右。注水要细、要匀，浸润所有的咖啡粉。等咖啡粉中间膨胀起来，停止注水，等候半分钟左右，感受咖啡粉被蒸的时刻。

>

[Step4]
画圈圈注水法

再次注入热水，水流不能太大而且要保持连续不断，手臂均匀画圈。此时，咖啡粉得到充分滤泡，油脂会不断被泡出来。冲好的咖啡缓缓流进下面的咖啡壶里，咖啡的香气溢满房间，进入你的鼻腔。

[Step5]
用你的姿势，品你的咖啡

将壶中的咖啡倒进你心爱的杯子里，一杯手冲咖啡就做好啦！现在去享受它吧！品咖啡的同时也可以趁机凹造型。

Special Recommendation

世界级咖啡师带你感受拉花的魅力

制作一杯手冲咖啡，对设备的要求相对简单，很适合在家里尝试。而我们在店里喝到的有着卡布奇诺等拉花咖啡，则对设备有着另一番要求了。如果你没有蒸汽奶泡机，不妨借助游免老师的演示领略一下做拉花的趣味吧！

[Step1]

先用咖啡机做 espresso。

[Step2]

然后用机器打出绵密的奶泡来，用奶缸接住。

[Step3]

一手咖啡，一手奶沫，开始神奇的拉花动作。

[Step4]

一杯漂亮的卡布奇诺诞生。

姜震

咖啡创业者

70后 处女座
发源于北纬55度的咖啡梦想
遇到了难以想象的阻力

喜欢在一天里的哪个时间喝咖啡？为什么？
早上的时候，唤醒和提神。

用一句话形容冲泡咖啡时的感受？
愉悦身心、无法被替代。

咖啡"喝嗨了"的感觉是什么？
喝到期待中丰富和复杂味道。

带一种咖啡豆去环游世界，选哪种？

说起咖啡，你脑海中最先想到哪个人？
舒尔茨。

如果有"咖啡时光机"，带你回到某一次喝咖啡的瞬间，你希望是什么时候、在哪？
不是回去，而是带去一个没体验过、并且让人惊喜的地方。

高海拔的朋友圈

孙 琪_文
毛振宇_摄

一个翻译是怎么上了咖啡的海盗船

北纬55度45分有个地方叫莫斯科，贼冷一鬼地方，上世纪90年代，我们喜欢把爱国主义青年都送那思想改造，主要用伏特加、硬成块的面包、苏联文学，还有喀秋莎。但有一位青年却没有改造好，

他姓姜，姜虽不老，却辣。

小姜，俄语专业毕业，凭着出众的语言能力，在一家德国人开的公司里担任俄语翻译。工作之余，他喜欢到住所楼下的意大利咖啡馆喝上一杯咖啡。对于这种在故乡并不普及的饮料，他所知不多，只知道谈对象的，都喝。姑娘用俄罗斯银色小勺，慢悠悠地搅动，像极了宽银幕爱情电影的情形，(此后略去千字)。他抿了一口，那味道，嗯，香极了。当时的他，以为咖啡可能就是这个味道，别的地方做出来的，也该是这个味道。

后来，他去了加拿大，想在当地找到那味道的时候，却发现，咦？这里的咖啡怎么不一样？于是，他在搜索引擎里输入那念念不忘的咖啡馆的名字，失望地发现，没有怎么泡那种咖啡的说明书。他才明白，咖啡和姑娘相仿，一地头有一地头的味道，绝无带走抑或私奔之可能。

翻译解决的文化沟通问题，谁都可以搞，远不如把外国人的精品

咖啡整回去让国人喝喝的成就感。但也只是那么一想，琐事缠身，也就把这个念头搁置了。

2013 年，老姜回国了，面临事业上的转型。他想要一份新的事业，他笃定一定要和吃喝玩乐有关，能借此认识很多有趣的人，旅游？餐饮？一连串的选项涌入脑海。要不，就整个咖啡馆吧。只是一瞬间的心血来潮。

北欧人平均每人每天饮用 4 杯咖啡，日本是每人每天两杯，而中国，每人每年才 4 杯！十几年的翻译工作都围绕着国际贸易，老姜早就养成了关注消费品数据报告的习惯。每年 4 杯，不够北欧人 1 天的量，这玩意儿开中国怎么开呀。他对开店的构想，这咖啡馆不能卖垃圾咖啡，不能整你自己喝不下去的猫尿状的咖啡！一定必须好喝，喝了你才知道，咖啡是这样的，就像很多年在莫斯科下午，他在意式咖啡馆安静喝完那杯不知道名字的咖啡，慢悠悠在玻璃上看到夕阳落山，最后一抹金色染红玻璃。觉得很高，海拔很高，这才是喝咖啡的感觉。

于是，东四北大街那个叫高海拔咖啡店诞生了，它也许因此葬送一位伟大翻译家的璀璨前途。

咱也有个高海拔的朋友圈

老姜客人里，Kristina 是最自来熟的，这位美国淑女最标志性的动作是每天牵着两条狗，猛狗下山，瞎溜达。牵狗感觉——假若，你提供雪橇和圣诞老人套装，她可以直接拉着给你送礼物去。这比喻只是说她富有爱心，因为每只狗都是被收养下的城市流浪狗。更有慈善精神的是，据老姜统计，这位彭博社驻北京的女记者在三年时间里，每天几乎要来店里喝掉至少一杯咖啡，风雨无阻。三年累计消费大约 1500 杯。高海拔若没有这样的偏执狂，估计早就垮了。

可近期，她像消失了一般，一连几天未曾露面。老姜正有些疑惑：Kristina 去哪了？这时，手机屏幕亮了，一条来自 Kristina 的微信出现：嘿，明天下午到北京，准备好我的咖啡！老姜说，酒馆最伟大的地方在于，培养出一批有才华有雅量的酒鬼，他觉得高海拔的意义，在于为彭博社孵化了一位美利坚“咖啡鬼”。有点瘾儿的人，总是显得格外可爱。

老姜和一位胖胖的英国客人聊得也很投机。后来才知晓，他是一位作家，也在俄罗斯生活过，还在那里出过书。伴着咖啡浓香，和客人聊聊记忆里的俄罗斯，老姜倍感珍惜。一次，这位作家的一篇大作在《华盛顿邮报》上发表，文章介绍的是中国人使用微信的情况。文章中特别提到：北京有一家咖啡店，老板每天不遗余力地教我这个外国人使用微信支付。老外的意思很明白：老姜是用开育儿所的态度开咖啡馆，每位独立成人离开咖啡馆的“婴儿”总是要夸夸保育员。老姜觉得，客人就是客居在咖啡馆里的人，尽管咱们的“海拔”很高，但要舒服。进咖啡馆的人，必须要得到喝一杯咖啡的放松和舒服，这是保育员要做的。把孩子哄睡着，开心掏钱，即使他以后不再来，还会时常想起，这才是好的老板。

老蔡是 Google 的工程师，常来喝喝咖啡，放松一下，顺便同思维一样活跃的店主老姜聊市场变化、侃历史浮沉，说天文地理，论人类未来。老蔡小口嘬着一杯卡布奇诺，十分惬意，催着老姜过来聊天。老姜忙上忙下，就说：喂，今天客人多，我忙不过来了，你要不要帮我端盘子。于是老蔡就试了试，哇，端盘子真有趣！从那以后，工程师老蔡喜欢上了端盘子，并愉快地成为了高海拔的兼职服务生。有人问，你怎么可以让顾客给你端盘子？老姜说，他还让我陪聊呢，我干嘛跟他客气。谷歌的人真不太行，端个盘子还给我打了几块，下回继续熟练下业务能力。

刚来到北京的香港帅哥 Bill，正处于一种纠结状态，一进店就躲在窗边的角落思考人生。刚从瑞银辞职，没有人生方向，下一份工作做什么好？热乎乎的咖啡送上桌，老姜对着 Bill 笑眯眯，问想不想聊聊。看到这样的笑容，谁不卸下防备？ Bill 一口气就把怎么留学、如何辞职、怎么来了北京、下一步没有打算的事儿全说了。俩人相见恨晚，相谈甚欢。等到 Bill 推门离店的时候，他的身份已经变成了高海拔的一员了。

老姜喜欢这种和顾客打交道的感觉。这里既是一间咖啡馆，也是一个充满人情味的圈子。

为钻研咖啡，他变身实验狂人

关于豆子这件事，老姜还是有很多要说的。

2014 年，高海拔咖啡已经经营十个月了。那时的新人老姜购买烘焙好的咖啡豆来制作咖啡，现在，他要亲自参与生豆的烘焙。

他和一位朋友不谋而合。Micheal，50岁，某港资企业高管，负责整个大中华区的业务。他毕业于清华水利系，对技术极为敏感，是一位极具好奇心和实验精神的人物。听闻老姜要研究咖啡烘焙，他马上加入进来，咖啡烘焙实验开始了。

第一项课题，切尔芭日晒的最佳烘焙方式。切尔芭是来自耶加雪菲产区的咖啡豆，它有一种特殊的处理方式——日晒，往下可以细分到G1等级。老姜很喜欢切尔芭的果香，把它作为第一个实验对象。首先，设定温度，找寻不同温度下，豆子风味的差别。这要做到十分精细，下炉温度设置为200度，烘焙完成。换一炉豆子，温度调为180度，完成。接下来，降到160度……同一时间点，不同的升温速度又会给咖啡豆带来什么样的奇妙变化呢？开始了，下炉200度，“快”“中”“慢”各试一次，180度“快中慢”，160度“快中慢”。哇，真有意思，老姜和Micheal兴奋极了！记下数据，做好笔记。又开始了下一个小问题的探索——最佳爆破时间。

第二项课题，哥斯达黎加红蜜的处理。这款豆子的表层有一层果胶，很难处理。如果烘焙浅了，烘不熟；升温太快，外边已经焦了，里面还是生的。实验狂人老姜和Micheal经过了百次尝试，再实验下去就快成爱迪生了，一炉一炉去调整，最终锁定一个状态，呈现出最好的风味。他俩很开心，实验记录的小本上又增加了光辉的一笔。

第三项课题，如何用不同的咖啡豆拼配方式，做出一种固定口味的咖啡。不同产区的咖啡豆，因为光照、日晒、海拔等地理因素，风味有所不同。不同的季节，也有不同的滋味诞生。这意味着有无数种拼配组合等着他们去一一尝试。于是，大量的实验开始了，大量的数据产生了，老姜投入其中，忘记时间，忘了自己。最终，他们成功锁定8个国家14个产区的豆子，研制出了几个神秘的配方。3000页烘焙时间表，每一页都是一炉咖啡。13个月，成本几十万元。咖啡厅就像一个玩具，快被他们玩坏了。

咖啡豆有它自己的命运。每一杯送到你面前的咖啡，其中都隐含着大量数据：咖啡产地的海拔高度、当年的光照与降水情况、采摘和集散的时间、海运过程中集装箱内的温度、烘焙者对温度和时间的掌握、熟豆储存的时间，甚至咖啡师的技术水平和当日的心情，这一切汇集到一起，形成了你眼前的这杯饮品。当你端起杯子，舌尖感受到杯中滋味，香滑的液体进

入体内，咖啡豆终于走完了它的命运。老姜有一丝感慨地说。

2015 年，老姜和 Bill、Micheal 一起干了件大事：关掉了那家有着无数美好回忆的高海拔咖啡馆，创立北京高海拔咖啡有限公司。比起服务少数人，老姜更愿意努力让更多的人享受到自己制作一杯咖啡的乐趣。他把咖啡机和新鲜豆子送进五十多家公司的办公室，随之配套的是咖啡机的养护服务和售后服务。回忆起东四的那家店，老姜的眼中有着一丝眷恋，却并不惋惜。“关掉直营店，并不是放弃，而是随着时间的推移，产生了新的想法，毕竟外部环境、机遇都发生了变化，是一种自然的迭代”。

只是往事偶尔还会浮现眼前。老姜心里也好奇，不知牵着狗的 Kristina，现在去哪儿喝咖啡了？

（场地支持：牛杂咖啡馆）

Special Recommendation

老姜教你品咖啡

别人把制作好的手冲咖啡端到你面前，不要急于喝进嘴里。

Step1

要闻一闻，感受豆子是否新鲜，因为咖啡豆是食物，储存过久会有陈腐的味道，为健康考虑不适合饮用。

Step2

喝一小口，清洗口腔内的杂味，然后饮用下一口才是咖啡真正的味道。

Step3

入口后，会感受到水果的酸味、焦糖的香气、回甘，这是好咖啡豆所必备的三个条件，由于豆子的产地、烘焙方式各不相同，各自的特点凸显会有所不同。

Step4

饮用完毕之后，闭上眼睛，闻一闻杯底，浓郁的焦糖香气会在额头环绕。

咖啡没有绝对的好喝与否，不管是谁，都会找到一款适合自己的口味，分享感受，愉悦自己和身边的人。

CHAPTER II

咖啡点燃
艺术灵感
漫画×设计

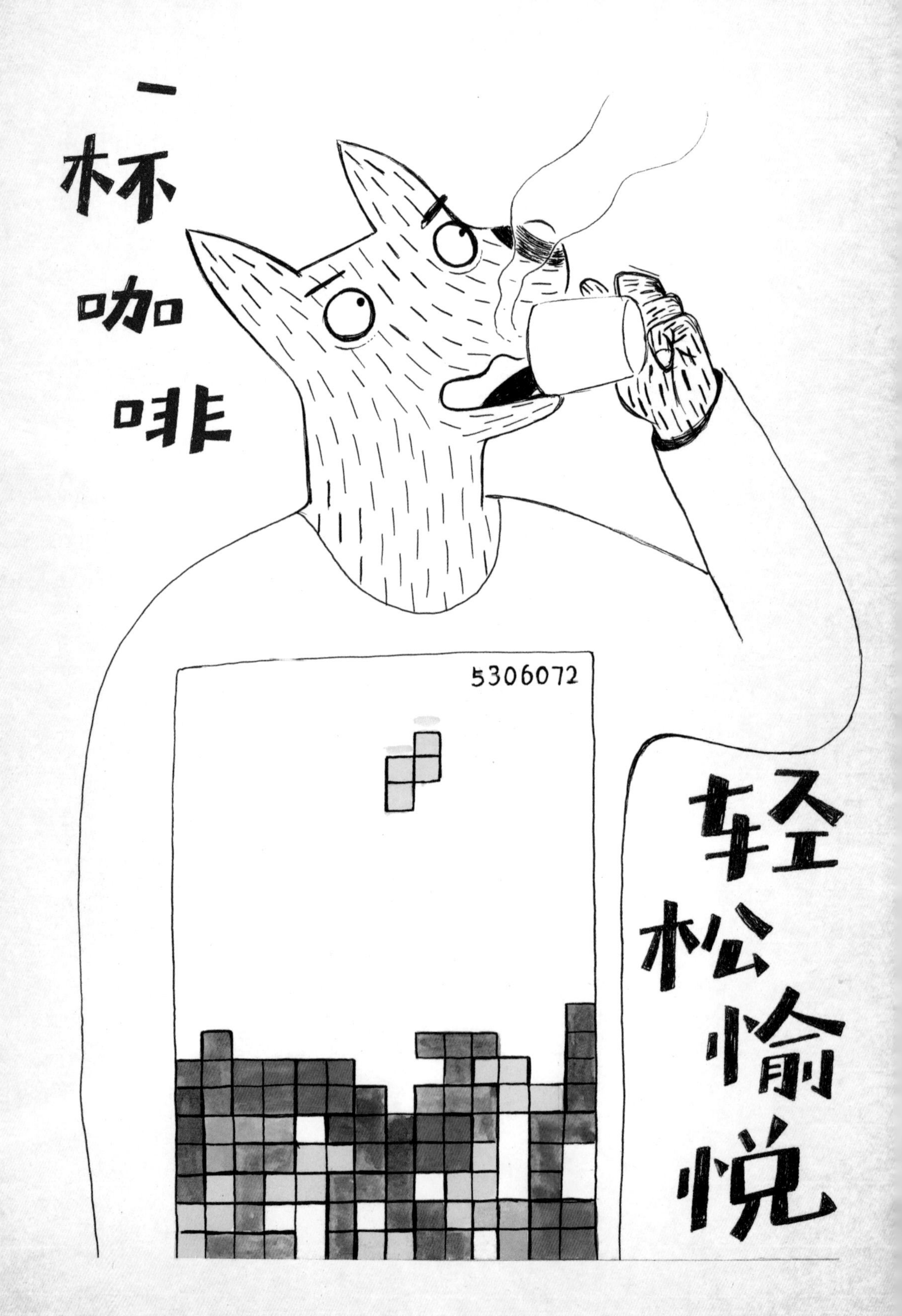
一杯咖啡
5306072
轻松愉悦

狼和鹿的咖啡日常

狼

白关

白关 插画师
《流学的一年》 作者
本名刘宁 70 年代出生于内蒙古的天蝎男
曾做过印刷工、编辑、游戏原画师
在骑行路上结识妻子鹭 后相约定居北京
现居北京郊县 主业生活 副业画画

鹿

细腿大羽

本名黄鹭　鹭映像摄影工作室创始人
大学本科学的金融 研究生专业学的是公共事务管理
毕业开始边工作边到处旅行 用相机记录精彩瞬间
现为新晋农妇 不完美主义水瓶座 职业儿童摄影师

关于喝咖啡这件事

喝咖啡不就是装么？这就是我以前对咖啡和喝咖啡的人的印象，甚至受一些影视剧影响，还觉得喝咖啡的都不是好人。直到有一天，别人送我妈一袋真正的咖啡豆，拿回来，自己用杵臼捣碎，铁锅煮了喝，然后赞不绝口。既然连亲妈都爱上了，就不太好再坚持以前那些观点。

说起来，小时候生活里，是没有咖啡这个东西的。那时候最洋气的东西还是“女士香槟”。正好也借此暴露一下年龄，所以这是一位大叔对咖啡的回忆。知道咖啡这东西，应该就是看那些外国电影看的，里面的帅哥美女们，翘着手指，拿一个小杯子，轻摇帅脸，吹一口，嘴唇接触到杯口那一瞬，五官皮肤立刻就哗啦舒展开来，“这玩意一定好喝到匪夷所思”。我一边把口水吸回去，一边这样想。忘记是哪一次了，喝了一口咖啡，苦，毫不犹豫地认为，那是假的。

后来喝到的机会越来来越多，才确定，苦的，就对了。至于为什么小孩子时，特别不喜欢苦和辣，长大后就从逐渐接受到欲罢不能？还真是一个谜。从开始喝速溶，到有了咖啡机，再到现在鼓捣手冲，咖啡悄无声息地就成了生活一部分。抓一把咖啡豆，放到研磨器里，慢慢摇成末，然后倒到滤壶中，用手冲壶画圈冲……这时候另一个我在旁边看，比以前影视剧里看到过那些喝咖啡的还装。

有一个关于咖啡的纪录片叫 *A Film About Coffee*，里面拍了很多咖啡原产地的镜头，卢旺达当地农民，劳作一天，煮一杯自己种植的咖啡，坐家门口悠闲的喝着，这就是他们最平常不过的生活场景，如果这个片子我早点看到，一定不会觉得喝个咖啡，就和装扯上关系。那为什么以前会有那种印象？无非就是罕见，大多数那样干的人，正是在一种特权中，展现某种新事物，某种代表着先近和洋气的事物。你只有一边看看的分儿，鼻子里哼一声，带着酸劲儿的鄙视为装。哪知世界变化快，曾经的先进事物，成了自己的日常。以前你鄙视过的，正是如今的自己。

喝咖啡这事的态度转变，好像也没能让自己变得宽容起来。因为还时不时会觉得，有些人在装。我老婆说，人要有正念。赶紧反省，按照前面的逻辑推理，其实我鄙视的是未来的那个自己。这样一反省，下次鄙视起来，就轻松多了。

意料之中...

回去能有杯热咖啡就太好了。

回来啦！刚好给你冲了咖啡！

还有我刚做好的乳酪布丁。
天呐！我一定是在做梦…

果然。

宜家咖啡...

这咖啡杯太小了。

这杯多加了糖还好喝点。

我今天是怎么了？喝了这么多咖啡

走吧！你都喝二十杯了。
免费续杯

厉害的手法...

送你们一把手冲壶。
哇！谢谢管家。

壶真好看，冲杯咖啡试试？
家里没有咖啡豆！

再抬高一点。

10:08
朋友圈
狼：
朋友送的手冲壶好用，冲的咖啡很棒！
管家、彭晓、熊、燕子、赵老师、易筱、susu、祥子、

放屁的咖啡...

一般新鲜的咖啡，就会在闷蒸阶段，形成一个蘑菇状的鼓包。

试试咱新买的这款咖啡豆。

快看！真的鼓起了！还吐气呢！
好神奇！...

你看它！像不像在放屁？
你的屁有这么香？

意料之中…

手冲咖啡就是看每个人的个性，没有标准的。
嗯…嗯…

这壶用起来太细腻，不符合我的个性啊！

走你
哗

这是一杯充分展现了我个性的咖啡，尝尝咋样？
难喝

慢慢磨…

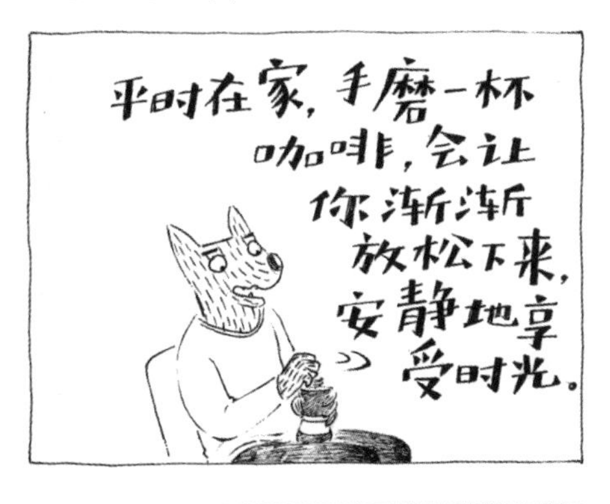
平时在家，手磨一杯咖啡，会让你渐渐放松下来，安静地享受时光。

顺时针转动摇柄，听着咔吱咔吱的研磨声，咖啡的香味散发出来，心情大好。
咔
咔

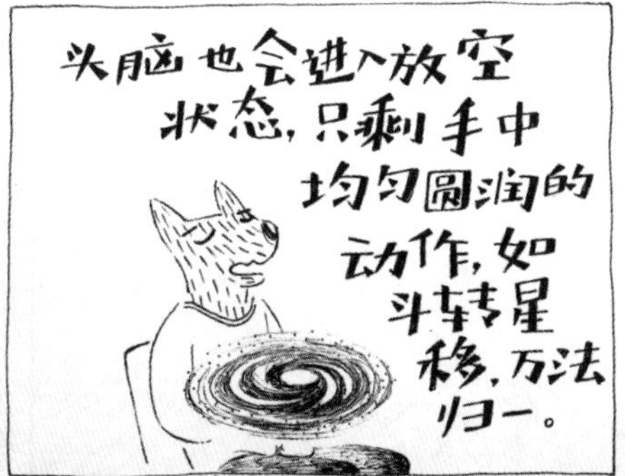
头脑也会进入放空状态，只剩手中均匀圆润的动作，如斗转星移，万法归一。

有完没完！水都快凉了。

绝不浪费...

上次买的那个特级咖啡豆在哪儿？
厨柜的上面那层里呢！

咔

你搬冰箱干嘛？
蹦到下面一粒！

喝了好多咖啡...

还是不太对，再冲一杯。

今天喝了好多咖啡，要睡不着了。
那正好看看书。

Z
Z
N
N

质量不好的摩卡壶…

Chapter 02

选择困难…

不能怨我

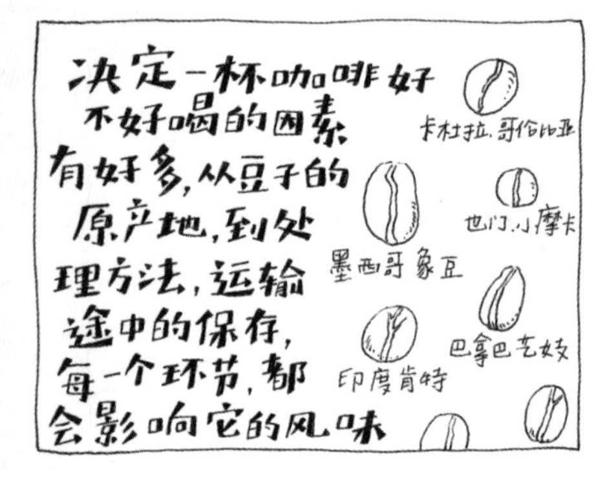
决定一杯咖啡好不好喝的因素有好多，从豆子的原产地，到处理方法，运输途中的保存，每一个环节，都会影响它的风味
卡杜拉，哥伦比亚
也门小摩卡
墨西哥象豆
巴拿马艺妓
印度肯特

烘焙的条件，烘焙师的手艺，每一种方式的烘焙，产生的结果都差别很大。

不同的研磨机，会对咖啡粉最终的呈现起着决定性的作用，研磨机不好也会损伤一杯咖啡。

所以这次的咖啡不好喝，也不能都怪我没冲好。

避重就轻

我那位老同学，今天要来咱家。
好啊

平时你喝茶还喝咖啡？
茶

那给你冲杯咖啡怎么样？
行

人家明明说的爱喝茶，你为啥偏给喝咖啡？
这样我冲的不好，他应该也喝不出。

怀才不遇

最近冲的越来越好喝了。

你俩喝点啥？
茶

你们喝咖啡么？
我们要喝白开水。

我可以多喝几杯。

川味咖啡

这个菜要放花椒面儿！家里只有花椒啊！

能磨那么硬的咖啡，磨花椒应该行。

咔
咔
花椒

最近的咖啡总有股怪味。
这是我独创的川味咖啡。

绝配

我买了甜点，配咖啡吃。
太棒了！……

苦咖啡和甜点真是绝配。

啊！咖啡还有半杯，甜品没了，怎么办？

那这半杯我帮你喝掉吧！

粒粒皆幸苦

农人辛苦地种植、照料、最后摘下一粒粒咖啡果

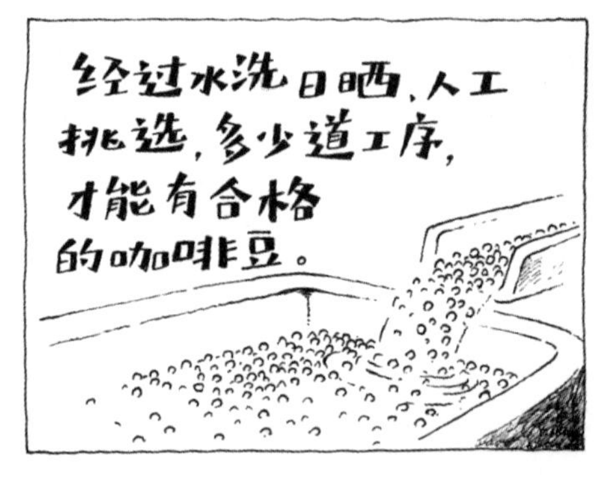
经过水洗日晒、人工挑选，多少道工序，才能有合格的咖啡豆。

最后漂洋过海又乘车陆运，经过多少路途，才到我们手中。

就因为过期了，你就要扔掉它？

大雨中的咖啡

好大的雨啊！
……

冲杯咖啡吧！
好

外面下着雨在屋里喝着咖啡的心情真不错。

雨怎么还不停？

陈年咖啡

咦？有半袋咖啡豆。

这豆子都过期五年啦！别喝了。
你懂啥！陈年的豆子，风味更浓郁。

等一下再喝！

好了你喝吧！
急救包

用处很多的咖啡渣

嘴甜点

方便的胶囊咖啡机

显摆高级货

创意挂耳

看!我买的挂耳咖啡。
什么玩意儿?

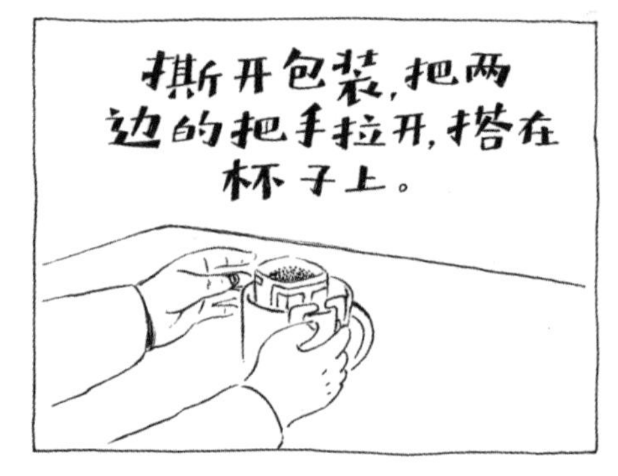
撕开包装,把两边的把手拉开,搭在杯子上。

就可以冲出一杯好咖啡了。
这创意太棒了!…

你说,咱发明一个大的里面放菜,弄成挂耳麻辣烫,怎么样?
多放点腐竹

清醒清醒

您二位喝点什么?
给她一杯咖啡,我要一杯可乐,谢谢!

咦!?
咕咕

你怎么知道我想喝咖啡?
你该清醒一下了。

适合自己的

经常外出作业也不愿意将就的赵老师，最推崇爱乐压

每个人都有适合自己的咖啡，你说我适合哪种？

只要是冲好的。

COFFEE+

【陆柳青】

艺术是你能够看见和感受未来的方式。

一句话生活态度：
尽力而为，随遇而安

最近在做的事情：
参加了国内的ngo『共同未来』的国际志愿者活动，在土耳其边境城市加济安泰普帮助叙利亚难民儿童

陆柳青｜图
陈湘淅｜文字整理

23 岁的陆柳青毕业于中央美术学院，她用咖啡渣和聚氨酯、树脂的合成材料设计制作了一组家具产品并命名为 *COFFE +*，获得了央美 17 届本科毕业设计一等奖。

学设计以来，陆柳青的老师一直教导她不能只顾产品外观，要设计出“有用的”产品。

可“有用”的定义是什么呢？这个思考伴随她整个大学生涯。

陆柳青小时候曾经看过一则 TVB 的公益广告，一个小孩子吃完饼干对着空罐子说 ：“你不是垃圾，你还是有用的。”她深受触动。

生活由那么多的物质构成，难免会有一些被遗忘的东西。如果利用当下生活中未必有用的事物，设计一个产品，让它重新回到“有用”中去，是不是一件很有意义的事呢？一个想法渐渐在她脑中成型。

从初中开始热衷于喝咖啡的她，至今已有十余年的“咖龄”，算是差不多见证了咖啡在饮料界从不为人知到风靡大街小巷。从种植、收获到处理、运输、制作，咖啡豆经历了繁复的环节才变成人们手中的一杯咖啡，而过滤后的咖啡渣却转眼就被抛弃。这些依然散发出黑亮光泽和浓厚香气的东西真的一无是处了吗？陆柳青并不这么认为，她试图把咖啡渣运用到家居产品设计中，实现一次废弃饮食材料与家居的跨界设计。

为了收集咖啡渣，陆柳青走遍了市区星巴克、肯德基、麦当劳、85° c 等多家连锁餐饮店。“有一段时间每天都要跑很多家咖啡厅厚着脸皮问店员要咖啡渣，有些咖啡店的量很少，有的

三张凳子远远看着像是一杯意式浓缩，一杯卡布奇诺，
一杯刚加了奶泡的摩卡，墙上的 70 个模块则像一块块等着大家来品尝的美味巧克力，
走近了才发现空气中飘着淡淡的咖啡香。

作品材质：咖啡渣、聚氨酯、树脂

材质特性：有弹性，有透气性、轻盈、有一定的防水性、有咖啡香咖啡店去晚了店员就会把渣都倒掉，而且也并不是每一家店都会给的，跑了一天只是徒劳。”

尽管过程奔波，她还是收集到了 100 多斤咖啡渣，足以支撑起她的实验计划。

陆柳青一直希望能让最后的产品保留住咖啡的香气，为此她做了大量的实验。同时产品需要一体成型，最后的一整个月她都把自己关在工作室里翻模。结果材料的不稳定性导致做出来的 15 张凳子没有一个翻出来是完整的。上交毕业设计的期限一天天临近，陆柳青感到焦头烂额。

走投无路的她只好硬着头皮开始做自己不擅长的数据分析，总结每一天失败的原因，并且严格要求自己必须在第二天到来之前把前一天的问题解决掉。经过无数次实验，最后终于成功做成了三个。尽管失败率很高，但有成果已经让她感到很开心。

陆柳青还尝试调配了不同比例的材料，产生出不同肌理、不同颜色、不同质感，因此最后制作出每一张咖啡渣凳子都是独一无二的。

陆柳青说：“我努力把过去每一天经历的事情融合到今天我所做的设计，做喜欢的事情，变成自己喜欢的样子。记得朋友看完作品后和我说：‘这件作品很像你。’我没有问她我在她眼里是什么样的，但我想当她触摸着软软的凳子，拿起轻盈的散发着淡淡咖啡香的花盆时，是充满好奇的，心情是愉悦的，这些感受都是有温度的，就像一杯热腾腾的咖啡。”

研究咖啡渣的过程中她做了大量的实验模块，
前期有与蛋清、茶叶、樟木屑等材料结合的，
后期主要是咖啡渣与树脂和聚氨酯的结合。

作品类型：花盆
作品尺寸：115φx125mm

咖啡渣与聚氨酯的结合给予了花器的透气性，凳子舒适的质感，
咖啡渣与树脂的稳定性给予了咖啡渣在产品设计中更多的可能性。

作品类型：实验模块

作品尺寸：100φx10mm

SEA DOG ESPRESSO
SENSORY
LAB
COFFEE
SEAMLESS
MAKERS
ALMOND MILK CO.

CHAPTER III

他们在咖啡里感知文学

张家瑜

著名作家
重度咖啡爱好者

一句话形容自己？

懒散的人。

如果人可以是咖啡，觉得自己是杯怎样的咖啡？

80 度的曼巴。温吞家常的苦味。

喜欢在哪里喝咖啡？

日本或台湾小咖啡馆。

喜欢什么时间喝咖啡？

下午两点钟，若有好朋友就什么时间都好。

喝咖啡的时候经常都在想什么或者做什么？

看书或什么也不做。

您最认同的生活态度是？

做自己。

一句话形容下您现在的生活状态？

白天要几杯咖啡，看书写作看电影。有时间离开在旅途上。打坐。并开始思索死亡。

去咖啡馆的路上

张家瑜 _ 文

这篇是向我所喜欢的作家、画家、音乐家和哲学家，以及，他们创造的人物致意。因他们把咖啡放入他们的作品，他们的生活，让咖啡的香气散布在永恒的作品之中；让咖啡仿若置身于文学花园的一朵玫瑰，有独特的味道和故事。

如果你也是一个需要一杯咖啡来道早安，并要一本书来安静的人。

马尔克斯的咖啡执恋

总统先生走到英国花园，是秋天，湖面波涛汹涌，像怒海一样，狂风把水鸥都吓跑了，最后几片落叶也随风飘下。总统先生刚由诊所出来，他觉得他快要死了，他走到白朗峰桥堤岸那家他常去的咖啡馆。

总统先生在大白天还点着灯的咖啡馆，找了一个最角落的地方坐下来。女服务生给他端来每天喝的依云矿泉水，他听从医生指示，三十年前就戒了咖啡。但他曾说过，如果哪一天我确定自己快要死了，他会再喝。

他对女服务生说：“也给我一杯咖啡，意大利式的，要浓得连死人都呛得醒。”他用十全十美的法语吩咐。这位落难的加勒比海总统，被自己的子民推翻并放逐到法国。他没放糖，一口一口慢慢喝，然后把杯子倒扣在杯盘上。

总统先生流落在异乡。他是一个迷信的贵族，他要用咖啡来算命。这种来自土耳其和希腊的咖啡占卜术，可以预测他的命运。这位老派的先生，在新认识的朋友家，喝完咖啡，又一次把杯子倒放小托盘上，让咖啡的残渣预告他的命运。但小说里并没有告诉我们，咖啡残渣所预告总统先生的命运是什么。

这是作家加西亚·马尔克斯的《总统先生，一路走好》小说里的总统先生。虽然命运已然背离了他的想望，作为一个将死的异乡人，他三十年后想由咖啡获得的指示，已经了然。一杯咖啡就只是一杯咖啡，它无法带领你走向未来，那入口的抚慰和之前的回忆，只留在现在。

加西亚·马尔克斯先生，这位祖先疑似是由古老的阿拉伯移民到哥伦比亚来的作家。如果小说显示的是他对咖啡与命运的看法，那么我们猜测他的先祖是来自阿拉伯，也就不奇怪了。

最早的咖啡来源地，有人说是伊索比亚，但最有名的传说则是阿拉伯。阿拉伯人用不同的形式食用咖啡豆：从直接咀嚼到用生豆子煲水，经过几百年不断地试验后，才正式将豆子烘焙。阿拉伯人因宗教信仰而禁酒，他们使用咖啡代酒，甚至将咖啡传到埃及、伊朗、土耳其、希腊等地，一直到十六世纪才传到威尼斯和马赛。而十七世纪，即四百多年前，威尼斯商人将咖啡引入欧洲，开了欧洲第一家咖啡馆波的葛(Bottegadel Caffe)，从此，咖啡成了欧洲人最家常的饮料，继而袭卷全球。

马尔克斯对咖啡的执恋，在那有名的并拍成同名电影的《没有人给他写信的上校》小说里，也有感人的描述："上校揭掉咖啡罐的顶盖，看见里面只剩一小匙咖啡了。他把咖啡壶从火上移开，把水倒掉一半在泥土上，再用小刀刮干净罐内的咖啡，连罐底带点铁锈的也刮起来，一起倒进咖啡壶里去。当他在等着咖啡煮沸的时候，他以自信与天真期待的态度，坐在石砌的火炉旁。"

这段是我觉得对咖啡最庄重与爱恋的心意，对于一个早晨初醒时，必须由一杯咖啡来叫醒一天的哥伦比亚人来说。但当他只有一杯咖啡，他并没有自己喝掉。上校将那杯由罐底刮了又刮的只剩一杯的咖啡，拿给他带病的妻子，并骗她说，他已经喝过了。

那样艰苦难过的十月秋日，连一杯取暖解忧的咖啡都没有。上校的日子就像他到邮政局等着永不送达的信时，局长说的："唯一一定会来的事情，就是死亡，上校。"更不堪的未来在前面等着他，而他的咖啡罐里，没有咖啡。

上校失去二十五年的期望，对未来他只有一声"狗屎"回应。

马尔克斯的咖啡，总是那么酸、涩，它的余韵是灰色的黄昏，当咖啡喝完，就要进入黑沉沉的夜了。

咖啡，在小说里，并不大张旗鼓。它默默地出场落场，没有什么大幅章节来探讨咖啡的产地或者烘培的程度，它只是默默地、理所当然地存在着。当小说家在说咖啡的时候，他们对咖啡并非专家般品尝细啄，不详论品种来源。咖啡是日常生活不可或缺的，如家人、空气般的对象。他们只是淡淡地提到身边的那杯咖啡，那就是小说家背后的小小嗜好。他的真实生活里，必然也有那一杯咖啡存在。

那不胜枚举的文学电影艺术，都隐约有一杯咖啡在旁，不仅安心，也有抚慰的作用。虽然平凡，但是没有它，一整天都提不起劲。

贪恋咖啡，就像贪恋那些令你感觉精神一振的，比如酒精。那些推理小说里的硬汉侦探、杀手、大佬，他们在酒馆里混日子：威士忌、白兰地，一直一直喝，醉生梦死，像没有明天一样的在暗夜里买醉。直到有一天，上帝告诉你，够了。

劳伦斯·布洛克，那个由警察成了侦探的马修先生，最早是喝酒的。白兰地、威士忌、啤酒，那时还不流行红酒，不过如果送上一杯的话，我想马修先生也不会介意的。后来，因醉酒坏了事，酒精中毒了。他开始参加戒酒协会，进进出出，马修·史卡德只能喝咖啡了。但他多么希望可以在咖啡加几滴波本酒。《八百万种死法》里，他在珍的房间，珍问他："我烧了咖啡，你里头不爱加东西对吧？"马修开玩笑："只加波本。"

马修和妓女琴约在阿姆斯特朗酒吧见面，那时的马修不喝酒只喝咖啡，本来点了白酒的琴，随着马修也点了咖啡，那种加了糖又加奶的营养咖啡。这些咖啡，并不真心被喜欢，它们只是一种代替品，代替了马修的波本酒，虽然马修喝咖啡的次数多到他自己也觉得心悸。他在酒馆喝可乐，在咖啡馆喝咖啡。他不是真正爱好咖啡的人士，但他不能不喝。那是困难的戒酒时期，幸好有咖啡，一直陪着他。

一直到《向邪恶追索》《繁花将尽》，他认识了一个好女人伊莲，他的生活渐渐可以远离酒精，他可以正视咖啡。当他的朋友太太拿着一个玻璃壶出来，里头是波多黎各咖啡，又黑又浓，马修想起，当他从阿姆斯特丹大道那家杂货店的橱窗看到布斯特罗咖啡的海报后，就一直渴望喝这种咖啡。这时期的马修·史卡德先生，哦，是真的和咖啡成为朋友、成为日常的伴侣了。那真叫人欣慰，因为，他不会再想念酒精，也不会有醉酒后的那些痛苦的回忆。

若有机会到纽约，在一家小咖啡馆，若我遇见他，或许还可请他喝杯他喜欢的波多黎各咖啡。

朱天心：在咖啡馆里撷取小说灵感

小说家们虚构出来的人物，还有朱天心在《威尼斯之死》里对咖啡馆最细致的描写。说的是一个台湾小说家在台北的咖啡馆写作的故事。"像很多古往今来创作者一样，我习惯在咖啡馆里写作。"原因很简单。作为一个成年男人，他朝九晚五出门到咖啡馆，他的母亲就不用向邻居解释她儿子到底是做什么职业的。而男主角的写作风格竟是如此形成的："一间咖啡馆的气氛，往往操纵一篇小说的风格。"

许多在咖啡馆写作思考聊天的文人们，日复一日地在咖啡馆里，看着来来去去的客人，听他们聊着自己的家事心事、抱怨喜乐。咖啡馆简直是一个可以堂而皇之偷听偷窥的好场所。这里是一个微型的人生道场，小说家可以从中撷取情节，可以发展人物，可以借渡偷用穿着、语气甚至发型。敏锐的写作者们，无时无刻不

在幻想着故事、角色和场景，咖啡馆是一个可以激发灵感的好地方。但咖啡馆也可能让作家们创造出令自己懊恼的作品：例如一家到处此起彼落的大哥大声，那是以前手机的别号，还有BB机，那是年轻人不知道的古物。作家还会被那些穿着美丽的台北女人吸引，不由自主地加了一个现代潮流女子进入他的小说。咖啡馆总不能十全十美，小说家明白。

朱天心以那位书中的男作家为名，细细地描写她所见到的英式贵族风格：豪华的维多利亚时期的地板、桌椅、骨瓷细描花纹的咖啡杯及托盘。这位以咖啡馆为工作场所的作家之观察，巨细靡遗，如一个福尔摩斯，他要挖掘的，是一个小说。

这部作品将咖啡馆变身为作家的缪斯。朱天心的意思是：写作者身处于一个什么样的环境，一如变色龙，会跟随着它变蓝变绿。虽然作家没有特别提及咖啡本身的香味和口感会否影响他的写作，但在这个如书房一样的地方，加上进进出出的客人的影响，即便安静地坐在咖啡馆的一角，作家收到的信息却比家里的还要刺激强烈。不同香味的咖啡、不同的人们，弥漫在空间里，作家的笔不由自主地朝向他的感官而前进，故事走向也随之变化。

所以，书中的男主人公说："我花大部分的时间在找一家合适的咖啡馆，深深迷信任何一家风格强烈诡异的咖啡馆会篡夺并就此定型该篇或该书的风格。"

这样的迷信，就如我的朋友K坚持不去那些大型的咖啡连锁店，并一定会在喝咖啡时要一个马克杯或瓷杯一样。他说："用纸杯喝咖啡是一种堕落。"他坚信喝咖啡若是一个人喝，要有一个可以看到风景的窗。

迷信是好的，信徒们相信宗教，作家却只信一家好的咖啡馆：不要太吵、空调不要太冷、人不要太多。而咖啡，要热要苦涩或酸，要有一个好杯子盛着，要有一个识相的服务生，不会时时过来问你还需要什么。

最后，《威尼斯之死》里那个在威尼斯咖啡馆写作的男作家，在写完他那充满威尼斯风格的小说，终于到了最后关头，要给出一个结局时，停了几天没去咖啡馆。等他再去时，换了服务生、换了压克力而不是瓷杯瓷盘，没有烟灰缸和水晶玻璃杯——咖啡馆转了手。他心恸之下，把他小说的男主角自杀在威尼斯，而让另一个主角坐在咖啡馆痴痴地等着威尼斯的来信。

就这样，男主角被宣判永远要在咖啡馆等着，如那每天要扛石头上山下山的西西弗斯一样，他每天在日落之时，就被放在同一个咖啡馆的同一个位置，喝着同一杯咖啡，馆里放着同一首不变的音乐。那是小说人物的宿命，他被幽禁在咖啡馆里，永不超生。然而作家朱天心也不好受，她把主角弃在当处，划下句号。“我走在长满艳红果实的构树人行道上，不知手脚发抖的自己哀伤的到底是什么？”

葡萄牙作家萨拉马戈在《诗人雷伊斯逝世的那一年》里，向同国的诗人佩索阿致意。佩索阿曾以不同笔名写诗，其中一个笔名即为雷伊斯。萨拉马戈与雷伊斯从巴西坐船到里斯本，困顿之际，佩索阿本人却由坟墓中出来，和诗人雷伊斯对谈。他们聊及政局、内战、和一场爱情。本来是一人的，现在雷伊斯由佩索阿的灵魂走出，诗人的真我与分我，如一场庄周和梦蝶的寓言，最后，他说：“如果还有一小时生命，我愿意用它来换取一杯咖啡。”故事骤然而止。里斯本的咖啡，静静地被放置在桌上。一个诗、诗人和咖啡的句号。那一小时诗人的生命，他不写诗，只愿啜饮一杯咖啡。

梵高：“也许有那么一天，我的画能在一间咖啡馆展出。”

梵高，亲爱的文森特。他的画有许多是在咖啡馆绘成的，那经典的《夜间的咖啡馆》《黄房子》《朗格洛瓦桥》。他的心愿是：“也许有那么一天，我的画能在一间咖啡馆展出。”

在《夜间的咖啡馆》那幅画里，那璀璨的星空，蓝色时期的画家，咖啡馆外面几个座位，稀稀落落地坐着人。小镇的夜晚，蓝色的夜空和橘黄的棚架，温暖的灯光照着地面的鹅卵石。那是梵高在奥维尔最后的日子，他穷困落魄，有时连一杯咖啡都喝不起，但是咖啡馆的老板还是让他进去里头打台球，他有时就在这里写生。那家咖啡馆，用咖啡、以及一种咖啡馆的气氛，酝酿了画家创作力最丰硕时期的作品。

最后，他死在咖啡馆租屋的楼上，而过了一百多年，他的愿望终于达成——楼下的拉乌咖啡馆举行了他的画展。在那充满咖啡香气的，有着一个桌球台的房子里，文生先生拿着速描纸，看着静静夏夜的奥维尔，他人生的色彩是如此厚重，如他自已加上一层又一层的油彩，诡谲、压抑充满张力。

那年夏天，我静静一人在文森特走过的、躺下的这个小镇流连，咖啡馆还没开门，我在外面站，望进去，午后阳光毒辣，那就是他的向日葵、他的咖啡馆、他的教堂，一张又一张的画作，我好想喝一杯咖啡，但大门紧闭，那杯咖啡因为赶火车而再没喝到。

文艺家们，咖啡馆是他们的另一个家

文学艺术家们已在他们作品中为咖啡背名、咏叹。他们都是："我不在家，就在咖啡馆；不在咖啡馆，就在往咖啡馆的路上。"作家、哲学家、艺术家们，他们需要一杯咖啡，也需要家以外的一个空间，可以在这里思考、写作、辩论。

萨特、波伏娃那群现代主义的哲学家们，他们的故事都发生在巴黎的咖啡馆里，更别提胡塞尔真是拿咖啡杯这东西来解释他的"现象学"。你自由地选择这个杯子作为咖啡杯，但谁规定我们喝咖啡一定要用咖啡杯。而它，一个咖啡杯，会影响你喝咖啡的一套仪式：一个杯子，一个托盘，一边的奶是鲜牛奶还是日式奶球，还有糖罐里的糖是方糖、黄糖、白糖，温度是太冷还是太热，都影响你的口感。然而那年代的穷年轻人，在花神、双叟这些平民的咖啡馆讨论他们的存在与自由时，咖啡或许廉价，但是知识却无比宝贵。而维也纳作家茨威格却说他们维也纳的咖啡馆是世界上任何地方都找不到的文化机构，是一个民主俱乐部，而入场券不过是一杯咖啡的价钱。

文人们爱咖啡，咖啡馆是另一个家，他们永远在往咖啡馆的路上行进。

美国摇滚女歌手帕蒂·史密斯的回忆录《时光列车》，是一本充满了咖啡味道的书。我们在这本书里看到那个嗜咖啡的歌手，在纽约格林威治的"伊诺咖啡馆"的时光。帕蒂每天起床，走个十几分钟，到咖啡馆里找到她的位置坐下，叫一杯咖啡和早餐，读读书或写作。她喝大量的咖啡，就像巴尔扎克一样，在纸笔旁，一定要有一杯咖啡提神、萃取灵感。

在《一山豆子》里，她说到她与咖啡的因缘，她的母亲在她小时候总用勺子把磨碎的咖啡粉从粉红色的"八点钟咖啡"罐子里，放到渗漏式咖啡壶的金属容器中。不知多少次她看着母亲煮咖啡：母亲坐在厨房的工作桌旁，缺了一角的烟灰缸有半枝未完的烟，咖啡蒸气和香烟两种烟雾互相环绕。

母亲送给她同型的咖啡壶，略小的型号，一直跟着她，像是一个母女的暗号。即便她成年了，有了小孩成为了母亲，那香烟的味道、咖啡的味道以及母亲和她坐在厨房，光着脚没穿拖鞋的影像，只要她拿起一杯咖啡，就像擦了神灯，记忆就会浮现。

帕蒂之后因为先生弗雷德不碰咖啡，她成了咖啡独饮者。她一般自已煮咖啡，因为住的附近没咖啡馆。星期天的早上她会独自走一段路去喝一杯便利店的黑咖啡，加一个好甜的甜甜圈。在渔具店后的水泥空地，坐在白色围墙里的空地上，那是她的咖啡时光，也是她的流浪地带。把真实的时间抛下，喝一口热热的，不怎么精致的咖啡。

她到每一个地方一定要找到一家她的咖啡馆，在柏林时，她对朋友说："你跟我一起去巴斯特那克咖啡馆，我们可以坐我最喜欢的那张桌子，就在布尔加科夫肖像下面。"那是她的地标，也是她安心所在。

帕蒂对咖啡的爱，混杂着少年时的回忆和母亲的影像。我们可能都忘记了第一杯咖啡的滋味以及在哪里喝的，但我们不会忘记最好喝的咖啡，在何时何地，与什么人一起品尝的。

巴赫在1735年创作了《咖啡清唱剧》，里头咏叹："多么甜蜜的咖啡，胜过一千个热吻，比葡萄酒更甘醇。男人若想讨我欢心，就献上咖啡吧。"他透过嗜爱咖啡的女主角Lieschen如斯地表白。这出和以往巴赫创作风格迥异的轻快风趣的清唱剧，居然成为他最脍炙人口的作品之一。虽然这剧是要劝阻那些喝咖啡的人们，可最后女儿依旧坚持："猫儿不放弃抓老鼠，少女照样热爱咖啡，母亲爱喝，祖母也爱喝，又有谁诚心责备女儿呢？"

这部作品，要追溯到十七世纪后期西欧的咖啡狂热。那时的普鲁士进口大量咖啡，造成资金外流，君王腓特烈大帝下令限制咖啡豆入口。他派出咖啡稽查员，大街小巷若有传出咖啡香气，就上门稽查，所以巴赫借两父女影射当时疯狂于咖啡的情形，击中那些热爱咖啡却只能偷偷地喝的普鲁士人。

今日，咖啡不再被限制：不管是甘香、平顺、芳醇、余韵种种不同的描述；不论用虹吸、压滤、冰滴，或现在最流行的滴滤；法国、美式、奥地利、越南，冰的热的，加奶不加奶，在一家咖啡馆里，你一定可以找到你最需要、契合的那一杯。

侯孝贤有一部向小津安二郎致敬的电影《咖啡时光》。在淡淡却有无限情怀的东京，一青窈坐在老咖啡馆里，一手托腮，声旁放置着一个透明的水杯和一杯咖啡。在时间似乎静止停滞的咖啡馆里，外面城市轰隆的车声与咖啡馆的我，像两个互不干涉的画面。小津那美好的旧日时光暂驻在这里。凉凉的空气，浓郁的咖啡香气。人与事，过去与现在，皆可以借着一杯咖啡和解忘却，虽然，那坚守在咖啡馆的老咖啡师们，最后终如小津一样，成为过去。但是光影捕捉到那一刻的咖啡时光，却永不会消失。

正如海明威所说的："回首自已的过去时，惊觉自己不过是一个流连忘返于各个咖啡馆的异乡人。"我们到了咖啡馆，就回到一个暂居的家，我们叫了一杯温度、味道刚好的咖啡，在这里，我们得着安慰。忘却我们异乡人的身份，和这世界以咖啡举杯。

【老于】

70后 双子座

广告人

重度咖啡爱好者

如果人可以是咖啡，觉得自己是杯怎样的咖啡？

一杯喝完的咖啡。

第一口咖啡滋味是怎样？什么时间喝的？

忘了。

为什么喜欢喝咖啡？

香气。

喜欢在哪里喝咖啡？

到处。

喜欢什么时间喝咖啡？

随时，睡前都能喝。

喝咖啡的时候经常都在想什么或者做什么？

啥都想过，因为几乎一直在喝咖啡。

您最认同的生活态度是？

随波逐流，不当中流砥柱。

一句话形容下您现在的生活状态？

玩 ing。

喝咖啡的时候会拍照吗？

没有。首先人不美，没有大花臂、指环，以及耳钉。反感炫围裙、帽子、眼镜框。其次也没觉得喝咖啡一定要拍下来发朋友圈。我做咖啡的时候也讨厌拍照。每一次冲煮都忐忑不安，哪有时间摆姿势。

你要给一杯咖啡转身的时间

老于 _ 文

流水对和田玉做过的事
也对咖啡樱桃做了
炉火对钧瓷釉色谨慎
对香气同样小心
你看见水你看见火你看见
诚意总是擦肩而过 蹈火赴汤
你要给一杯咖啡时间
等他转身

那一世他藏身果实
哪管方舟外洪水滔天
沉睡的胎儿
被肉身护送至今生
你看见水你看见火你看见
诚意总是擦肩而过
天地造化 你要给一杯咖啡时间
等他转身

咖啡豆的跋涉并非疾如滚石
不时跌倒像仰翻的乌龟
几乎每一粒都不圆满每一粒
都是寻找另一半的二分之一
你看见水你看见火你看见
诚意总是擦肩而过
生而分离
你要给一杯咖啡时间
等他转身
杯测时某种气息失踪
如春天已去
如爱情不在
即便自责这一劫也无可救药
追究烘焙曲线你须重新来过
你看见水你看见火你看见
诚意总是擦肩而过
劫波历尽
你要给一杯咖啡时间
等他转身

没能在正确温度下车的豆子
是被剥夺花朵的玫瑰，粘贴胸毛的女人
一粒漏网的坏豆能撕裂口感
如黑丝抽丝尴尬了玉腿
你看见水你看见火你看见
诚意总是擦肩而过

既经拣选
你要给一杯咖啡时间
等他转身

仅有砖，砌不成墙 一种人，黏不成团队
粉与颗粒，协奏风味
最好的研磨，是追求和而不同
你看见水你看见火你看见
诚意总是擦肩而过
洞穿表象
你要给一杯咖啡时间
等他转身

有很多可能，只有一个实现
创作感官前你必作取舍
用高温筛除一些习气
或者积极地萃取不足
你看见水你看见火你看见
诚意总是擦肩而过
大成若缺
你要给一杯咖啡时间
等他转身

第一口并非全部 一饮而尽，等同于
音乐会开始，你已离场
等同于你只吃了卷烤鸭的面皮
你看见水你看见火你看见
诚意总是擦肩而过
切莫快进
你要给一杯咖啡时间
等他转身

用糖奶勾兑一杯手冲
煮鹤焚琴非你莫属
宽容兼容真容
理解误解正解
你看见水你看见火你看见
诚意总是擦肩而过
自负暂缓
你要给一杯咖啡时间
等他转身
时常你被俗事叫走
一杯咖啡就在桌上搁浅
时常你陷入思考直到它
香消味殒，无法回头

你看见水你看见火你看见
诚意总是擦肩而过
缘若蜉蝣
你要给一杯咖啡时间
等他转身

当你说你爱咖啡你爱的到底是什么
当你要升级机器你究竟升级了什么
当你用工装围裙刺青指环喂养镜头
当你玩弄光圈美颜一次平庸的萃取
你看见水你看见火你看见
诚意总是擦肩而过
自恋却步 你要给一杯咖啡时间 等他转身
穿越权威的黑暗森林
逃离术语的沼泽
你愿意用烤菠萝去形容焦糖
你不相信注水要恪守顺时针方向
你看见水你看见火你看见
诚意总是擦肩而过 藐视陈规
你要给一杯咖啡时间
等他转身

你逐渐敬重微物的力量
面积、流速、空调的风向
精灵在焖蒸后傲慢地苏醒
虎背浮出浓缩的液面
你看见水你看见火你看见
诚意总是擦肩而过
心怀虔敬 你要给一杯咖啡时
等他转身
很多次归来像一颗肤色改变的豆子
现实走过来吊销你的从容
你需要一杯香气给出心不在场的证据
味无谄媚，本色炎凉
你看见水你看见火你看见
诚意总是擦肩而过 念念不忘
你要给一杯咖啡时间
等他转身

延用裂纹的杯子
收养残疾的猫
带一个不甚聪明的徒弟
在书店买走有瑕疵的样书以及
不弃陈年遗忘的生豆
你看见水你看见火你看见
诚意总是擦肩而过
万物有时有因
你要给一杯咖啡时间
等他转身

寄身于咖啡的香气

老于 _ 文

那年11月，季节已晚，一些事似乎尘埃落定，我又回到台北，每天早上八点到忠孝东路二段跟一个比我小两岁的人学咖啡。

2015，阴郁的年份。夏天和秋天相继离开，我抑制不住对一个城市的绝望和对一些人的恶心，开始撤退。就像一场马拉松，周围的人都亢奋向前，我却停下来。不断有人跑上来拍打我的肩膀，喊加油，我却无动于衷。43岁，但丁说的人生的中途大概都过去了。这辈子孤独感第一次大举反扑。

闭门不出、寡言、厌食。日子好像卸完货的邮轮，空了。忽然之间，我对气味变得敏感，变成了一个“酗香者”。世界空寂，好像只有气味在说话。时常在后半夜撕开一包方便面来煮，只是想闻闻咕嘟出来的汤味儿。有时是点了一枝香再点一枝香，有时用消毒水擦洗地面，躺下来试着入睡。也正是那段时间，开始对咖啡着迷，它持久的香气，像一只始终藏在房间里的猫。喝光它，杯子尚有余温，不像茶，喝着喝着，人没走，就凉了。

此前我人生中喝下的大部分咖啡，其实是酒店自助早餐的滴滤。更早，更糟，是速溶。要是不约人，我也不会去星巴克太平洋，虽然推开咖啡馆大门的第一口呼吸很香，但咖啡，实，在，难，喝。就是这个感觉，直到2013年，上海，一杯KONA击碎了我对咖啡的看法。这之后，一系列味觉的惊异，重建了我粗糙的咖啡观。随后仍是香气牵引着我。每一种豆子好像不同时间的气味编码的黑匣子。每一杯刚磨好的豆子，都会唤起不一样的记忆。香气真是有瞬间穿越的能力，颠覆当下空间时间的统治轻而易举。我到处踏察，领略不同的豆子，深陷其中，癫狂且愚蠢。

香气虚无，而世事也如梦幻泡影。比起我的愚蠢，古人似乎陷得更深，由生至死，始终香气缭绕。生佩香囊，浴则兰汤，折芳赠爱，红袖添香，出游是桂棹兮兰桨，请神就奠桂酒兮椒浆。端午毒日采艾，死携生姜肉桂。人类甚至相信香气能贿赂神祇。埃及人用Kyphi祭拜太阳神；佛教徒说：炉香乍热，法界蒙薰，诸佛海会悉遥闻；耶稣诞生那晚，三圣送来的三种礼物中就有乳香和没药。

几千年来繁多香料涌入中国。而欧洲人在寻找香料的路上发财殖民开眼界，还撞大运到了美洲。

2015年,我像一个疲惫的冒险者,来到台湾,与其说初心是想系统学习咖啡,不如说我急功近利,想见识更多咖啡的香气。

忠孝东路二段,胡须张卤肉饭斜对面,有一家4MANO CAF,是个冠军咖啡馆。里面有两个台湾咖啡冠军,其中一个拿过2008年WBC第12名,是当时华人最高名次。他叫侯国全,比我小两岁,是我师傅。

我出门总是很早,4MANO要是没开门,就走到临沂街去路易莎喝纸杯咖啡。那不是我欣赏的咖啡馆,却很赚钱。因为可以连锁,就有资本看重。这不是4MANO这种标榜"人"的咖啡馆所能比的。就像我自己的生意一样,维持三个公司都很操心。

路易莎的吧台紧凑,敞开的店面坐满了用早餐的人。拿到咖啡,我侧身绕出,坐在街边喝了一口,算是不错的外带了。一个早晨忽然搞明白一件事:此时此刻,我为何身处此地。

要学咖啡不一定到台湾,就算选一个台湾师傅也不一定去台湾。我也不苛求一对一授课。之所以搁下身后的破烂事儿,跑到台北,因为,台湾,就像前世。那里有万种气息试图唤醒我的记忆,那是感官回家的感觉。

台湾,像一艘香料船,满载桧木、樟树、扁柏与柚木。武岭的雾气浸泡着玉山箭竹,栖兰山挥霍香气招待路人。这嗅觉之岛,元月有武陵农场的梅花,四月是台三线的桐花。雷公根模拟芹菜,木苎麻扮演梨山茶。松茂脆柿,明池枇杷,屏东莲雾,台东释迦,台南玉井的芒果,嘉义竹崎的柳橙。在台湾,众生的气味亦挥洒在街道上。台风后大稻埕渗出砖缝里古早的潮气;暴雨翻出淡水河的草气。霞海妈祖庙的香火被风带到南北货店铺门前。慈圣宫阿云家的青椒炒大肠,重庆路口三元号的卤肉饭,捷运龙山寺站东侧小巷子里的胡椒饼,宁夏路北口的土魠鱼汤。肥前屋的鳗鱼勾兑米香,阳明山雨棚下骑车人在吃著堇菜。还有埔里的黄酒、宜兰的卡瓦兰whisky,黑松沙士以及日月潭的台茶十八号。每一个行走在这个岛屿的人,都会被这人世的香气打动。而我的灵魂像一只流浪猫,这些香气如同落满阳光的旧沙发。

据说云林古坑乡早在荷据时期即有种植咖啡。我不太相信。1624年荷兰人进据台湾,输出鹿皮砂糖米药材,输入生丝黄金布帛,并无咖啡。1696年荷兰人才把咖啡树苗运抵印度尼西亚。那已是台湾被郑成功收复之后的第34年,而清朝进入台湾也已13年了,荷兰人无法踏上台湾将咖啡继续东传。日据时代,日本人看台湾气候土壤适合咖啡,遂自国外引进"铁比卡"种。这才是台湾咖啡的序幕。但几十年本土咖啡豆一直暗淡无光。直到2009年,也就是侯国全拿下WBC第12名的第二年,来自台湾阿里山亘上的咖啡豆参加美国精品咖啡协会年度杯测赛,一举打败世界其他咖啡大国,拿下令人振奋的第11名,更是亚洲参赛队的第1名。台湾的豪华香谱上,咖啡算是正式入籍了。120年前,有个叫森丑之助的人在基隆港下船。开始了三十一年的台湾山地探索历程。森丑出身业余，长期被学界忽略。推动他探查山川与生番（原住民）的动力，只是对未知的兴趣。

对于我，咖啡就是生番。自我决定来上课之日，就明白，我并不想学成之后开咖啡馆谋生，我知道让我上瘾的并不是咖啡，而是对咖啡的探索。我迷恋于格物致知，探索把握香气的可能。这无法成为事业，不宜厚望。我乐于修炼到擅长，却永远停留在业余。而对于我所谓的创意本业，又何尝不该守着业余的心态？咖啡是我本业的延伸，本业也可以看作咖啡的延伸。写作可以看作骑车的延伸，摄影可以看作写作的延伸。无尊无长，触类旁通，见群龙无首，吉。

很多人问我在 4MANO 都学啥了。真没学啥。或者把问题表述成“你明白啥了”。从台湾回来，我不再抱怨设备，不再念叨著换机器。工欲善其事，必先利其器。这话是错的，该是“先明其理”才对。明白原理，就知道如何补救，如何改进，如何绕过路障，通过调整其他变量达到目的。沉浸其中，我自知斤两，没空儿虚荣。

万物有灵，借助一杯咖啡，我们会沾染世界另一端的气息。一粒咖啡豆随身携带了关于身世的密码。若刻苦练习，便能还原他的履历。而每一次都是一次尤利西斯的冒险。这件事说起来充满刺激，也让你明了自己尚处无知。

那时，4MANO 刚刚开始自己烘豆。绝不只是成本考量，这是技术精进必走的一步。咖啡师，需要自吧台出走，换位为烘豆师、寻豆师、种豆人 。如此，对咖啡的认知才不会限于偏狭。而且我承认我轻浮了。带着小投机的心态来到台北，想轻松拿到秘籍。师傅却说没有捷径。只有反复练习以及不断反思。追究这一锅哥伦比亚为什么烘失败了，这一杯 espresso 的祸端在于压粉研磨还是时间。

面对心浮气躁的我，絮絮叨叨的师傅有点像唐僧。侯国全从糕点师做起，快二十年了，他的意见是，需要知道的太多，需要持续学习的太多，每一件事都要不断反思。 和咖啡师一样，作为一个创意人，略知一二，是技术最大的敌人。我想就算我做到八十岁，我的自我认知应该依然是略知一二。保持诚敬，不管是做什么，我必须一遍遍放空，就像每次杯测都要把经验洗乾淨。

台湾的街道，是我的第二个师傅。下课后，我按图索店，摸高 coffee sweet 的 espresso 酸度；去 FIKA FIKA 感受北欧烘焙；去湛庐看吧台外的手冲表演；去好氏体会空间对口感的暗示；在一个东区小店，得闻摩卡壶破解之道；巷口一台咖啡车也炫出结构巧思。我一边行走一边接收信息，我相信这里必有启示以及写给明日的密码。

雅利安人这样歌唱苏摩酒：我，聪明者，享用这甜蜜佳品，它能激起美好遐想，消除恐惧。我把咖啡看作同样的东西，它内里自有华丽，如同一本《楚辞》，充满花木香气。

香风难久居，宛若生命。我笨拙地进入咖啡的一个个片刻，记住那些美好，这就是我的香道。

Kalita

你咖我咖

昵称：河马
年龄：大叔
职业：媒体
爱好：食器
擅长：料理
一句话形容自己：
一个内心不安分的安分守己者

Q: 如果人可以是咖啡，觉得自己是杯怎样的咖啡？
A: 盛夏里的一杯冰滴。

Q: 第一口咖啡的滋味怎样？什么时候喝的？
A: 苦。十几年前吧。在北京朋友的咖啡馆里喝的，那时候我还是个只喝凉白开的人。

Q: 为什么喜欢喝咖啡？
A: 我是实用主义者，刚开始是因为媒体采访拍照都在上午，喝咖啡为了消肿，后来莫名其妙就喜欢上了。

Q: 喜欢在哪里喝咖啡？
A: 最喜欢周末在家，爱的人给我手冲的咖啡。

Q: 喜欢什么时间喝咖啡？
早上或者西餐厅吃完晚餐之后。

Q: 喝咖啡的时候经常都在想什么或者做什么？
A: 不想什么，就放空。

Q: 您最认同的生活态度是？
A: 珍惜你所拥有的。

Q: 一句话形容下您现在的生活状态？
A: 变得更好的阵痛期。

姓名：王一
年龄：不详
职业：主持人
爱好：阅读、羽毛球、电影、交朋友
擅长：说话吧，还有找到舒服精致的地方与东西
一句话形容自己：
要是周围的人能因为我而生活得更好，那就太好啦

Q: 如果人可以是咖啡，觉得自己是杯怎样的咖啡？
A: 意式浓缩，劲大纯粹。

Q: 第一口咖啡滋味是怎样？
A: 第一口就是浓缩，苦但香醇。

Q: 什么时候喝的？
A:2008 年左右，之前都不喝，上班好几年后才喝的。

Q: 为什么喜欢喝咖啡？
A: 提神助消化，保持清醒。

Q: 喜欢在哪里喝咖啡？
A: 店里，连锁店也有，西餐店或者舒服的咖啡馆。

Q: 喜欢什么时间喝咖啡？
A: 午饭后最好不过。

Q: 喝咖啡的时候经常都在想什么或者做什么？
A: 偷得浮生半日闲，发呆放空最妙不过。

Q: 您最认同的生活态度是？
A: 认真生活，努力工作。

昵称：Leo Lee
年龄：29
职业：创业人
爱好：狼人杀、旅行、滑翔伞等有挑战性的项目
擅长：发现生活有趣的点
一句话形容自己：
为了享受生活奋力拼搏的人

Q: 如果人可以是咖啡，觉得自己是杯怎样的咖啡。
A: 一杯手冲咖啡，每次都能发现豆子特别的味道。

Q: 第一口咖啡滋味是怎样？什么时候喝的？
A: 记不清具体的我时间了，第一口肯定是苦，但是咖啡与茶类似，只是味道更醇厚，更耐人寻味。

Q: 为什么喜欢喝咖啡？
A: 起初是为了提神，之后喜欢咖啡有层次的味道。

Q: 喜欢在哪里喝咖啡？
A: 精品咖啡店，找一个特别的咖啡师，调一杯特别的手冲。

Q: 喜欢什么时间喝咖啡？
随时。

Q: 喝咖啡的时候经常都在想什么或者做什么？
A; 和朋友轻松地聊天即可。

Q: 您最认同的生活态度是？
A: 时而闲暇，时而忙碌，自己可以掌控好工作与生活的节奏。

Q: 一句话形容下您现在的生活状态？
A: 与三五好友做自己喜欢的事。

姓名：和晓梅
年龄：28
爱好：喝茶喝酒喝咖啡，长跑
擅长：我觉得自己还蛮会做饭
一句话形容自己：
智商已欠费的大天蝎

Q: 如果人可以是咖啡，觉得自己是杯怎样的咖啡？
A: 手冲咖啡！

Q: 第一口咖啡滋味是怎样？什么时候喝的？
A: 第一口：好苦，给我多来两块糖！时间：小学四年级时 - 学着电视里的样子喝的速溶咖啡。

Q: 为什么喜欢喝咖啡？
A: 不知不觉上的瘾。

Q: 喜欢在哪里喝咖啡？
A: 有空的时候自己在家磨豆、冲了慢慢喝。

Q: 喜欢什么时间喝咖啡？
A: 早上。

Q: 喝咖啡的时候经常都在想什么或者做什么？
A: 放空！

Q: 您最认同的生活态度是？
A: 用一句大俗话来讲：活在当下。

Q: 一句话形容下您现在的生活状态？
A: 有事做，有所期待！

来“偶然 MOOK”，分享您的的精彩故事

图书在版编目（C I P）数据

了不起的咖啡/木小偶主编.--北京:新星出版
社,2017.11
ISBN 978-7-5133-2833-3
Ⅰ.①了 Ⅱ.①木 Ⅲ.①咖啡－普及读物 Ⅳ.
①TS273-49

中国版本图书馆CIP数据核字(2017)第210826号

了不起的咖啡
木小偶 主编

责任编辑 汪 欣
特约编辑 陈湘淅 孙 琪
装帧设计 韩 笑
责任印制 廖 龙

出 版 新星出版社 www.newstarpress.com
出 版 人 谢 刚
地 址 北京市西城区车公庄大街丙3号楼 邮编100044
电 话 (010)88310888 传真 (010)65270449
发 行 新经典发行有限公司
电 话 (010)68423599 邮箱 editor@readinglife.com
印 刷 天津市豪迈印务有限公司
开 本 787毫米×1092毫米 1/16
印 张 9.5
字 数 60千字
版 次 2017年11月第1次版
印 次 2017年11月第1次印刷
书 号 ISBN 978-7-5133-2833-3
定 价 45.00元